Obstschnitt-Praxis

Wurzel- und Pflanzschnitt 26
Äpfel schneiden 28
Birnen schneiden 34
Sauer-Kirschen schneiden 40
Süß-Kirschen schneiden 42
Zwetschen schneiden 44
Pfirsiche schneiden 46
Walnüsse schneiden 50

Spezial

Pflanzen Schritt für Schritt 24
Der richtige Zeitpunkt 52

Spezialwissen zur Vorgehensweise beim Pflanzen und zum richtigen Zeitpunkt für den Schnitt je nach Obstart.

Erste Hilfe für Obstbäume

Schäden erkennen –
Abhilfe schaffen 56
Die häufisten Schadbilder 58

Spezial

Obst auf kleinem Raum 60
Profi-Tipps zum Bäume schneiden 64

Wie Sie auch bei wenig Platz im Garten oder auf Balkon & Terrasse Obst kultivieren können; Schnittregeln kurz & bündig.

Baumschnitt
leicht gemacht

Die Freude am Obst fängt mit dem richtigen Schnitt und der richtigen Sortenwahl an. Pflanzen zu schneiden ist für jeden Hobbygärtner ein wichtiges Thema. Ob Apfel, Birne, Sauer- oder Süß-Kirsche, Zwetsche, Pfirsich oder Walnuss, irgendwann braucht jeder Baum einmal einen Schnitt für eine gute Ernte. Wer die Zusammenhänge über Blühen, Fruchtbildung, Schädlinge, Nützlinge, Schnittart, -zeitpunkt und Wuchsanregung versteht, der weiß, wie und wann der Obstbaum geschnitten werden sollte.
Das Schneiden eines Obstbaumes in spätherbstlich leuchtendem Licht oder im späten Winter bei strahlend blauem Himmel kann richtig Spaß machen. Durch den Schnitt haben Sie Gelegenheit, die Wuchsform eines Baumes aktiv zu prägen und das Wuchsverhalten des Baumes zu steuern. Sie erhalten die Möglichkeit, die Baumgesundheit zu fördern und Ihre Ernte zu optimieren. Schneiden mit dem richtigen Werkzeug, der richtigen Schnitttechnik und dem Wissen der wichtigsten Wuchsgesetze ist nicht schwer. Wie es gemacht wird, zeigen wir Ihnen auf den folgenden Seiten in anschaulichen Bildern.

Sie werden sich vielleicht fragen: „Warum soll ich schneiden? Auch ungeschnittene Obstbäume tragen viele Früchte!". Sie haben Recht, viele ältere Bäume entwickeln auch ohne Schnitt im Herbst einen Fruchtbehang. Aber wie sieht es bei diesen Bäumen mit der Pflanzenhygiene, dem Baumaufbau und der Fruchtqualität aus?

Durch Astbruch oder Verletzungen sind Bereiche mit Infektionspotenzial entstanden. Die Obstqualität wird durch viele kleine Früchte verringert, das Erscheinungsbild lässt aufgrund der Vielzahl an Ästen und dem

ungleichen Kronenaufbau zu wünschen übrig. Obstgehölze im Klein- oder Hausgarten sind Kulturpflanzen, deren Zustand Sie mindestens einmal jährlich überprüfcn sollten. Ihre Früchte besitzen für den Menschen einen hohen Gesundheitswert, weshalb man seine Obstgehölze im Wuchs optimieren und gesund erhalten solltc.

Schneiden heißt: den Baum pflegen, Äste und Form korrigieren, Wüchsigkeit und Vitalität fördern.
Ein gut geschnittener Baum mit durchlüftetem Astwerk und ausgewogenem Kronenaufbau wird Sie durch gleich bleibende Erträge mit schönen Früchten von guter Qualität belohnen.
Um es auf die Kurzformel zu bringen: „Richtiger Schnitt = gute Ernte!“.

Baum-Basics

10 Wie funktioniert ein Baum?

12 Zweige, Knospen, Blätter, Blüten

14 Wie wächst ein Baum?

16 Wenn ein Baum verkahlt

18 Schnittregeln und Wuchsstärke

Spezial

20 Kern- und Steinobst schneiden

Wie funktioniert ein Baum?

Ein Baum besteht im Wesentlichen aus dem Stamm mit Ästen, aus Zweigen und Blättern. Der Obstbaum lässt sich weiter in den Kronen-, Stamm- und den Wurzelbereich untergliedern. Die Blätter des Baumes sind die Energielieferanten, hier werden mit Hilfe des Sonnenlichtes aus Wasser und Kohlendioxid Zucker und Stärke gebildet. Der Stamm ist das Bindeglied zwischen Wurzel- und Kronenbereich und dient dem Speichern sowie dem Transport von Nährstoffen von den Wurzeln in die Krone und zurück. Die Wurzeln haben die Aufgabe der Wasser- und Nährstoffaufnahme, aber auch der Nährstoffspeicherung vor der beginnenden Winterruhe. In der nebenstehenden Abbildung ist der Stammaufbau dargestellt.

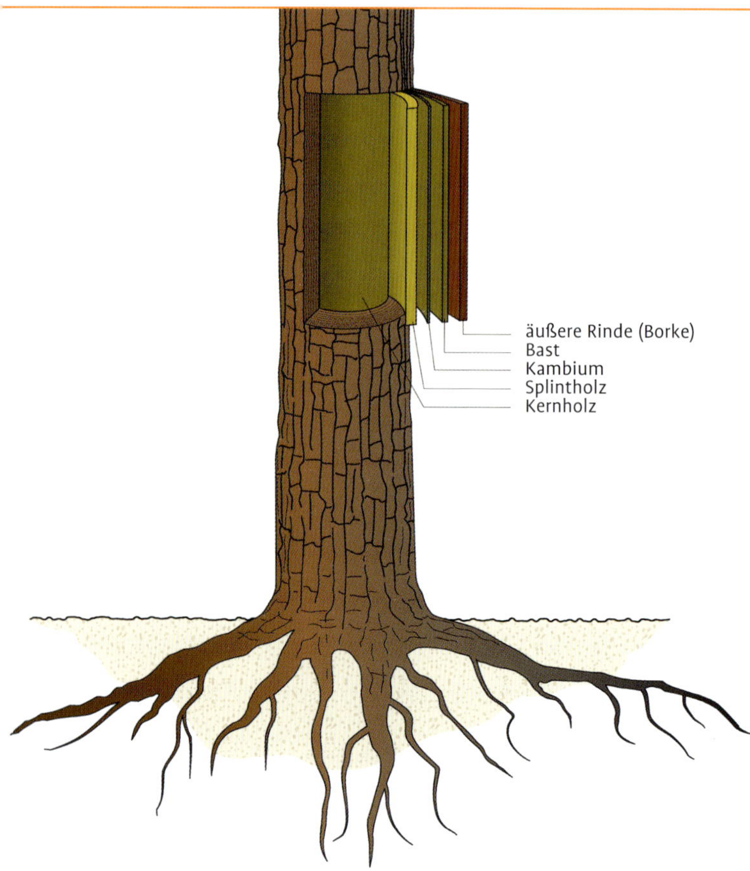

Aufbau eines „aufgeschnittenen“ Baumstammes.

Der Stammaufbau

Die Borke (fälschlicherweise oft als „Rinde“ bezeichnet) bildet den äußeren Abschluss bzw. die Schutzschicht des Baumes. Darunter liegt als weiterer Schutz die Rinde; im Bastteil (Phloem) liegen die Leitungsbahnen, mit denen Nährstoffe in beide Richtungen transportiert werden. Das Kambium ist für das Dickenwachstum verantwortlich. Die hier liegenden Leitungsbahnen (Xylem) sind verholzt und übernehmen den Wassertransport von den Wurzeln in die Baumkrone. Sie dienen zusätzlich der Stabilität.

Der Aufbau der Baumkrone

Die Obstbaumkrone baut sich aus drei oder vier Leitästen auf, die den Grundaufbau beziehungsweise das Traggerüst des Baumes ergeben. Idealerweise zweigen diese drei oder vier Leitäste leicht versetzt in der Höhe und in einem Winkel von etwa 45° oder etwas flacher aus dem Stamm ab. Von den Leitästen ausgehend entwickeln sich meistens sehr steil nach oben wachsende Langtriebe mit einer Länge zwischen 0,30 bis 1,50 m sowie Kurztriebe mit weniger als 30 cm Länge. An den Langtrieben werden überwiegend nur Blattknospen gebildet. An den Kurztrieben sitzen die Blütenknospen, die die Blütenlieferanten für das nächste Jahr darstellen. Der obere Bereich des Baumes wird von der Stammverlängerung (auch Leittrieb) abgeschlossen. In der Regel gabelt sich in diesem Bereich ein Konkurrenztrieb ab, der etwas kürzer als der Leittrieb wächst.

Legende:
1 = Stammverlängerung
2 = Konkurrenztrieb
3 = Leittrieb
4 = Langtrieb länger 30 cm
5 = Kurztrieb/Spieß bis 30 cm

Krone eines Apfelbaums im Jugendstadium.

Smart

Wissenswertes zum Baumwachstum

- **Verletzungen** im unteren Stammbereich möglichst vermeiden, da sonst der Wasser- und Nährstofftransport unterbrochen wird.
- **Der Wurzelbereich** ist im Durchmesser doppelt so groß wie die Krone.
- **Die Leitäste** bilden das Fundament für den Kronenaufbau.
- **Langtriebe** neigen unter hoher Last zu Astbruch.
- **An Kurztrieben** und „Spießen“ entwickeln sich die Blüten.

Zweige, Knospen, Blätter, Blüten

Wer eine Obstbaumkrone aufbauen möchte, braucht dazu ein Konzept und sollte die Unterschiede zwischen den verschiedenen Knospen und Trieben kennen. Damit die verwendeten Fachausdrücke jedem verständlich sind, werden diese mit Hilfe der unten stehenden Abbildung kurz erklärt.

Bei dem abgebildeten Ast eines Apfelbaumes handelt es sich um einen mehrjährigen Trieb. Er lässt sich grob in das einjährige Jungholz am vorderen Zweigende sowie in den mittleren und hinteren Bereich mit mehrjährigem Holz unterteilen. Bei den Knospen werden unterschieden: Terminal-, Blatt-, Holztrieb- und Blütenknospen.

- **Die Terminalknospe** befindet sich am Ende des langen, kräftig ausgebildeten einjährigen Langtriebes. Sie kann eine Blatt- oder Blütenknospe sein.
- **Blatt- und Holztriebknospen** sind klein, schmal und spitz ausgeprägt und sind nur schwer unterscheidbar, es kann sich ein Holztrieb oder ein Blattbüschel ausbilden.
- **Blütenknospen** sind größer und aufgrund ihrer eher rundlichen Form gut zu erkennen.

Beim Astaufbau unterscheidet man den Zweig und

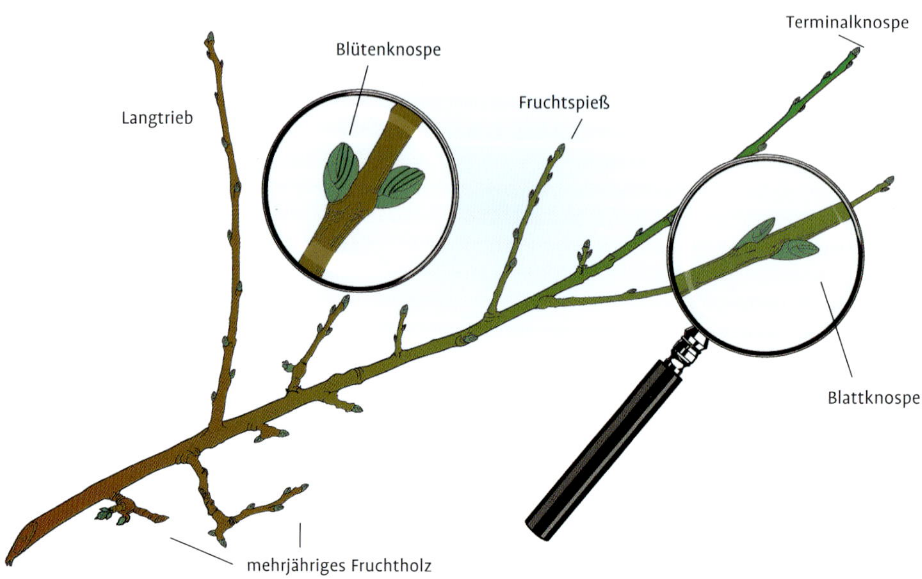

Zweig eines Obstbaumes mit Blatt-, Blüten- und Terminalknospe.

Zonen der Fruchtbildung an ein- bis vierjährigen Zweigen der verschiedenen Obstarten.

die verschiedenen Triebe. Als Äste bezeichnet man alle stärkeren Holzteile mit einem Durchmesser über etwa 8 cm. Zweige sind drei- bis fünfjährige Triebe, die einen Durchmesser von etwa 3 bis 8 cm haben. Innerhalb der Triebe unterscheidet man Langtriebe, die mehr als 30 cm lang sind, von den Kurztrieben mit weniger als 30 cm Länge.

Smart

Knospen und Augen

- **Die Terminalknospe** befindet sich am Ende eines Langtriebes.
- **Blatt- und Holztriebknospen** sind klein, schmal und spitz.
- **„Schlafende Augen"** sind die zukünftigen Blatt- oder Blütentriebe; sie liegen unterhalb der Rinde und sind (noch) nicht sichtbar.

Zonen der Fruchtholzbildung

In obiger Abbildung sind die verschiedenen Obstarten (Apfel, Birne, Kirsche, Zwetsche, Mirabelle und Walnuss) mit den Bereichen ihrer Fruchtholzbildung dargestellt. Die verschiedenen Obstarten stuft man gemäß ihrer Früchte in folgende Kategorien ein: Apfel und die Birne gehören zum Kernobst; Kirsche, Zwetsche, Mirabelle und Walnuss zählen zum Steinobst.
Beim Kernobst ist der Höhepunkt der Fruchtbildung überwiegend am drei- bzw. vierjährigen Trieb. Zwetschen beginnen bereits ab dem zweijährigen Holz zu fruchten. Den größten Unterschied bei der Fruchtbildung findet man zwischen Süß- und Sauer-Kirschen: Während die Fruchtbildung bei der Süß-Kirsche vorwiegend am dreijährigen Holz stattfindet, trägt die Sauerkirsche fast überwiegend am einjährigen, teilweise auch am zweijährigen Holz.

Wie wächst ein Baum?

Ein Baum in der Natur wird möglichst viele Triebe mit Blütenknospen bilden. Die sich daraus entwickelnden Früchte müssen nicht schön aussehen, groß oder schmackhaft sein – nur allein eine möglichst hohe Anzahl an Samenkörnern ist für die Vermehrung wichtig.

Ungepflegter Baum vor dem Schnitt.

Ein sich selbst überlassener Baum produziert ein dichtes Astwerk. Die inneren Astpartien werden mangels Licht im Laufe der Zeit verkümmern, die äußeren Bereiche werden sich weiter entwickeln und nach oben streben. Dieses natürliche Verhalten ist gleichzeitig die Grundlage für die Gesetzmäßigkeiten beim Obstbaumschnitt. Sie sollten sie kennen, bevor Sie mit der Arbeit beginnen – denn nur wer die Wachstumsgesetze berücksichtigt, kann auch richtig schneiden. Der „ideale" Baum soll mit einem kräftigen Traggerüst von unten mit starken, sich nach oben verjüngenden Leitästen aufgebaut sein. Dieser Aufbau entspricht in etwa dem natürlichen Verhalten von Obstbäumen in der Natur – wobei es auch hier Differenzierungen zwischen Apfel, Birne, Kirsche oder Zwetsche gibt.
Der hier dargestellte Baum wurde längere Zeit nicht gepflegt und sich selbst überlassen. Die Äste überlagern sich, sie wachsen quer, zur Stammmitte hin oder senkrecht nach oben.

Die Konsequenzen sind:

- **mangelnde Durchlüftung und Belichtung** mit erhöhtem Pilzrisiko (z. B. Schorf),
- **schlechte Fruchtqualität** wegen kleiner Früchte mit wenig Süße,
- **fehlende Baumhygiene,** hervorgerufen durch Schadholz, das als Brutstätte für Krankheitserreger dient,
- **schwierige Erntebedingungen** aufgrund des dichten Astwerkes.

Obstbaum nach einer umfangreichen Schnittmaßnahme.

Baum auslichten

Wie soll man bei einem jahrelang vernachlässigten Baum Abhilfe schaffen? Zuerst ist eine klare Funktionszuweisung der Äste notwendig (Leitäste, Fruchtäste). Dabei sollte man langfristige Ziele ersetzen durch mittelfristige. Diese sind:

Schneiden ja – aber richtig!

> Nicht zuviel wegschneiden: Schnitt bedeutet für den Baum Wuchsanregung!

> Für gute Fruchtqualität ist eine Besonnung von allen Seiten wichtig.

> Lichtes Astwerk durch Breitenwachstum und offenen Kronenaufbau fördert die Fruchtqualität und die Baumhygiene.

Ein Traggerüst aufbauen, das den Belastungen durch Fruchtbehang und Witterung standhält, gute Lichtverhältnisse für alle Kronenbereiche schaffen, Breitenwachstum der Krone entwickeln und die Pflanzenhygiene sicherstellen. So haben Sie gleichzeitig günstige Arbeitsbedingungen für die Ernte geschaffen.

Wenn ein Baum verkahlt

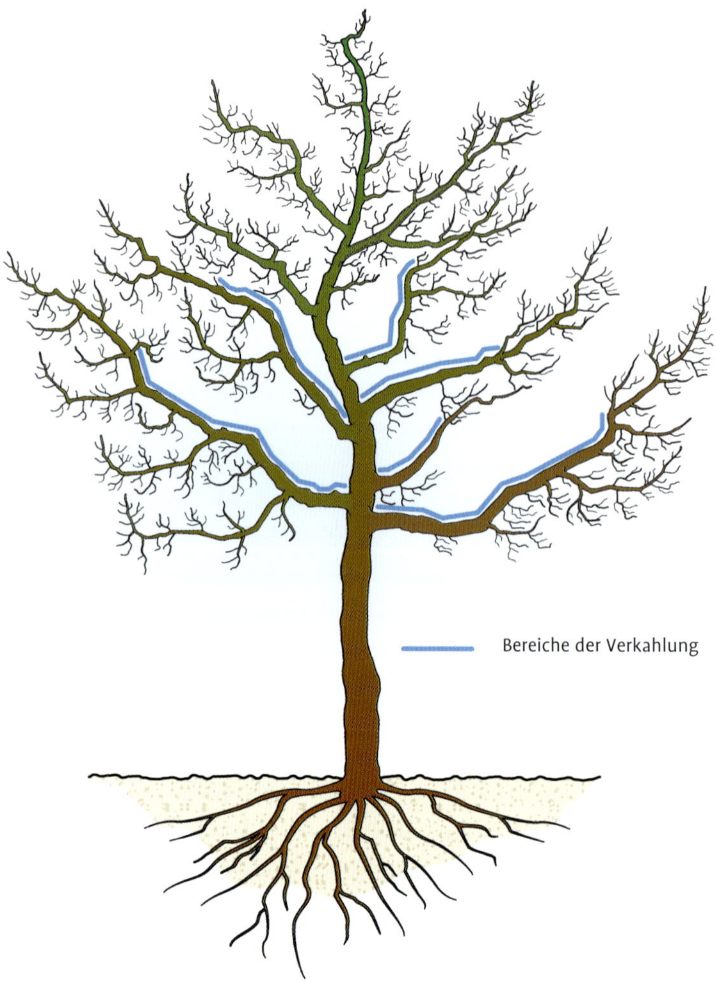

Obstbaum mit beginnender und bereits eingesetzter Verkahlung.

Der Obstbaum durchlebt in aller Regel die folgenden Entwicklungsphasen:

- **Jugendphase,** bei der hauptsächlich Triebe gebildet werden,
- **Ertragsphase,** wobei der Kronenaufbau bereits abgeschlossen ist,
- **Altersphase,** während derer der Triebzuwachs nachlässt und abgetragenes Fruchtholz (Quirlholz) vermehrt sichtbar wird.

Durch eine Verkahlung signalisiert der Baum, kein Jungholz mehr bilden zu können. Das kann verschiedene Ursachen haben: Zu viele Äste im äußeren Bereich, die den Lichteinfall ins Bauminnere verhindern; krankes, abgestorbenes Holz; längere Zeit nicht geschnittene, ungepflegte Astpartien. Solche Bereiche sind für Schadpilze willkommene Ausgangspunkte, um sich auszubreiten. Sollte jedoch der Baum etwa 60 oder 70 Jahre erreicht haben, sind Schnittmaßnahmen nicht mehr Erfolg versprechend – es sei denn aus Gesichtspunkten der

Sicherheit. Ist der Baum noch deutlich jünger, können Sie über einige verschiedene Maßnahmen den Baum wieder zum Wuchs anregen und damit die Vitalität des Baumes wiederherstellen.

An alles gedacht?

> Vitalität des Baumes prüfen und danach geeignete Maßnahmen einleiten.

> Kranke Partien herausnehmen – Rückschnitt bis deutlich in das gesunde Holz durchführen.

> Äußere Quirlholzbereiche deutlich zurücknehmen.

> Senkrecht aufstrebende, quer verlaufende, nach innen wachsende und störende Äste entfernen.

> Wundbehandlung bei Ästen > 8 cm ∅ nicht vergessen!

„Wiederbelebende“ Schnittmaßnahmen

Bei solch umfangreichen Schnittarbeiten empfiehlt sich eine Baumsäge und eventuell eine Kettensäge für die Arbeit am Boden. Zunächst entfernt man krankes, verletztes oder geschädigtes Holz, wobei man deutlich über die kranke Stelle hinaus bis in das gesunde Holz hinein zurückschneiden sollte. Sich kreuzende Äste werden ebenso herausgenommen wie zu eng beieinander liegende Triebe. Anschließend schneidet man im äußeren Bereich auftretende Quirlholzpartien zurück.

Durch diesen Rückschnitt haben Sie den Baum grob in Form (Rund- oder Pyramidenkrone) gebracht – jetzt gilt es, im Bauminneren aufzuräumen. Die steil nach oben wachsenden, starken Äste sind zu entfernen, dicht beieinander liegende Astkränze dünnt man aus.

Das Ergebnis ist ein relativ kahl geschnittener Baum. Er wird Sie in den Folgejahren mit der Bildung reichlicher Neutriebe beschäftigen, denn Rückschnitt am Baum bedeutet Wuchsanregung! Auf diese Weise haben Sie den Baum zur Neutriebbildung im inneren Kronenbereich angeregt. Nun muss der Baum kontinuierlich neu aufgebaut werden.

Die bei Schnittmaßnahmen unvermeidlichen Schnittwunden werden ab einem Durchmesser von 8 cm mit der Hippe sauber nachgeschnitten und anschließend mit einem Wundverschlussmittel behandelt.

Smart

Keine Angst vor großen Ästen

- **Säge** und eine große **Astschere** reichen am Anfang aus.
- **Für sicheren Stand** der Leiter sorgen.
- **Mit dem Schneiden** in der oberen Baumkrone beginnen.
- **Auch große Äste** herausnehmen!

Schnittregeln und Wuchsstärke

Die verschiedenen Schnitttechniken des Erziehungs-, Erhaltungs- und Auslichtungsschnittes lassen sich auf eine einfache allgemeine Schnittregel zurückführen. Sie trifft nicht für jeden Fall optimal zu, ist aber für den Einstieg sehr hilfreich: Angewendet wird sie für den Pflanzschnitt, den Kronenaufbau und für die Leitast-Korrektur. Von Fall zu Fall sind andere Einkürzungen notwendig, sofern es die Betrachtung der Gesamtheit notwendig erscheinen lässt. Wichtig ist beim Rückschnitt immer, dass auf ein nach außen gerichtetes Auge abgeleitet wird, damit das Kroneninnere nicht zu dicht wird. Spieße und die Kurztriebe werden entweder komplett herausgenommen oder stehengelassen.

Was bewirkt die Unterlage?

Wenn Sie einen Baum kaufen wollen, kann es vorkommen, dass der Verkäufer Sie fragt: „Auf welcher Unterlage hätten Sie den Baum gerne?“. Eine Unterlage ist der Wurzelteil des Obstbaumes bis zum Stammbeginn. Sie beeinflusst die Standfestigkeit und die Wuchsgröße des Baumes. Die richtige Wahl der Unterlage ist auch dann wichtig, wenn es um die Einhaltung der gesetzlich festgelegten Grenzabstände zum Nachbargrundstück geht (in den Nachbarschaftsgesetzen der verschiedenen Bundesländer unterschiedlich geregelt).
Der Hobbygärtner wird seine Wahl nach den Kriterien Sorte, Widerstandskraft, Standfestigkeit, Pflegeaufwand und Lebensdauer ausrichten. Für die heutigen, relativ klei-

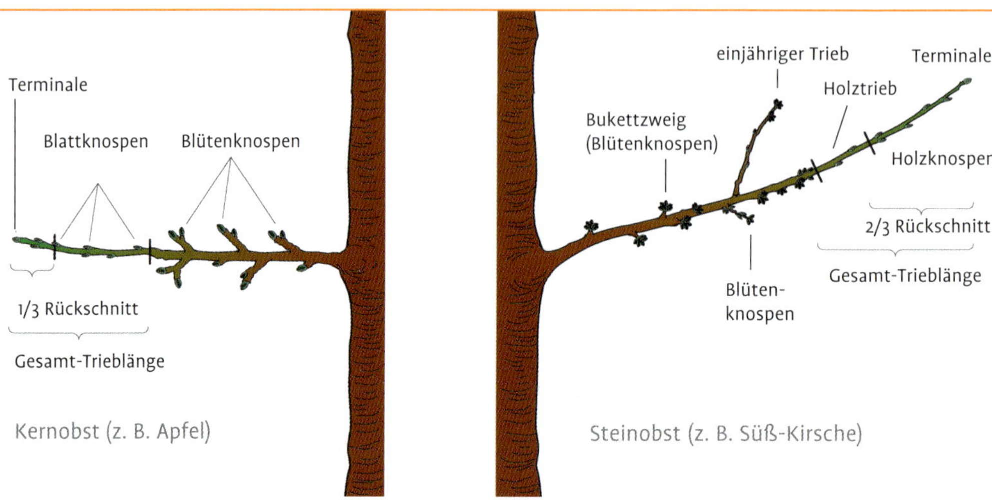

Allgemeine Schnittregel, dargestellt links für Kern-, rechts für Steinobst.

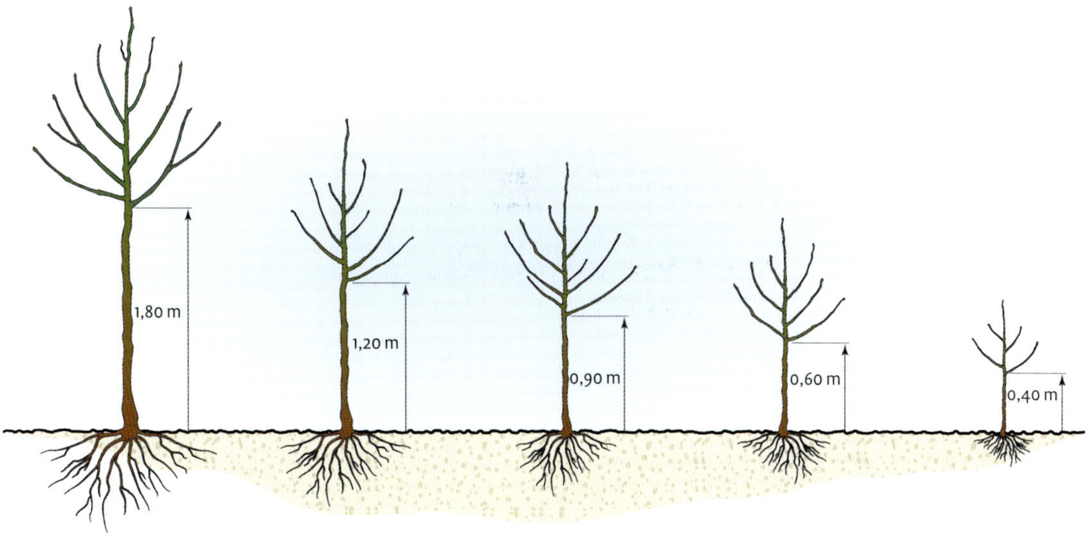

	Hochstamm	Halbstamm	Viertelstamm	Busch	Spindel
Unterlage	Sämling	A2 oder M11	M7 oer M4	M26	M9 oder M27
Kronendurchmesser	10 bis 16 m	6 bis 10 m	4 bis 6 m	bis 4 m	bis 2 m
Baumhöhe	über 10 m	über 6 m	über 4 m	über 3 m	über 2 m
Ertragsbeginn	nach 7 Jahren	nach 4 Jahren	nach 3 Jahren	nach 1 Jahr	im Pflanzjahr
Standfestigkeit	sehr gut	sehr gut	sehr gut	gering	sehr gering

Wuchsstärken verschiedener Apfelbaum-Qualitäten je nach Unterlage.

nen Hausgärten gibt es ein breites Angebot neuer und alter Obstsorten auf verschiedenen Unterlagen. Soll der Baum sehr klein bleiben (2 bis 2,50 m Höhe und ein Kronendurchmesser von etwa 1,50 m), sind die schwachwüchsigen Unterlagen M27 oder M9 die richtige Wahl. Diese Bäume besitzen nur eine geringe Standfestigkeit, deshalb sollten Sie immer einen zusätzlichen Pfahl in den Boden bringen. Steht mehr Gartenfläche zur Verfügung, können stärkere Unterlagen ausgesucht werden, etwa M26 (Buschbaum) und M4/M7 (Viertelstamm). Haben Sie genügend Platz, bietet sich ein Halbstamm A2/M11 an. Ein Hochstamm ist eher für parkartige Grundstücksgrößen oder landwirtschaftliche Nutzflächen geeignet, da er sehr groß wird.

Smart

Darauf müssen Sie achten

- **Je schwächer** die Unterlage, desto höher die Ansprüche an die Bodenqualität
- **Spindel- und Buschbäume** behalten ihren Pfahl lebenslang, Viertel-, Halb- und Hochstämme nur in den ersten Jahren.

Kern- und Steinobst schneiden

Häufig verwendete Begriffe und Bezeichnungen zum Obstbaumschnitt:

- **Schnitt auf Astring:** Zurückschneiden des Astes bis zum Übergang in den Stamm (wulstartige Verdickung) oder der Abzweigung.
- **Schnitt auf Auge oder Knospe:** Hier wird der Trieb bis kurz oberhalb des Auges oder der Knospe zurückgeschnitten.
- **Auf ein außen liegendes Auge schneiden:** Rückschnitt des Triebes auf eine vom Baum weg zeigende Knospenanlage zur Förderung des Breitenwachstums.
- **Schnitt auf Zapfen:** Wird vorwiegend beim Steinobst (Zwetsche) als zusätzliche Variante angewendet. Hier wird nicht auf Astring zurückgeschnitten, sondern ein etwa 10 cm langer Astzapfen wird stehen gelassen, um den Neuaustrieb anzuregen und der Verkahlung im Innenbereich entgegenzuwirken.
- **Schnitt auf Trieb:** Der zu entfernende Ast wird dort abgeschnitten, wo ein jüngerer Trieb in einer ähnlichen Richtung abzweigt.

Smart

Schnittkategorie je nach Lebenszyklus

- **Pflanzung:** Neu gepflanzten Bäumen ihr Gerüst geben.
- **Erziehung:** Triebbildung fördern, Junggehölze in Form bringen.
- **Auslichtung:** Äste, Astverlauf und -stärke korrigieren.
- **Verjüngung:** Alterung verlangsamen, Neutriebbildung fördern.

Der Doppelschnitt am Ast vermeidet, dass Rinde und Holz einreißen: Sägen Sie den Ast zuerst von unten an und dann von oben durch.

Schnitt am Ast

Wenn Sie die Säge auf der Oberseite eines stärkeren Astes ansetzen und sägen, bricht in vielen Fällen kurz vor dem Durchtrennen des Astes dieser nach unten weg und zieht die noch nicht durchtrennte Rinde mit. So entstehen großflächige Wunden. Sägen Sie zuerst den Ast von unten bis zur Hälfte an, bevor Sie ihn von oben leicht versetzt bis zur Mitte absägen. Der Ast bricht ab, ohne Verletzungen zu hinterlassen.

So gehen Sie richtig vor

- Um sich ein Bild von dem Baum zu machen, vor dem Schnitt eine Beurteilung des Baumes von allen Seiten durchführen.
- Schnitte von oben nach unten durchführen, um eine klare Übersicht für die weiteren Maßnahmen zu bekommen.
- Bei Leitästen mit dem schwächsten beginnen, alle weiteren auf gleiche Schnittebene zurücknehmen.
- Äste zunächst an der Oberseite schneiden, dann die Unterseite bearbeiten.
- Die Stammverlängerung (Höhe und Konkurrenztrieb) zum Schluss behandeln.
- Beim Rückschnitt der Triebe oder schwachen Äste auf Astring keine Zäpfchen stehen lassen.
- Stärkere Äste immer zuerst von unten ansägen und dann von oben gegensägen, bis sie sauber abbrechen.

Der bündige Astschnitt direkt am Stamm bewirkt, dass keine Zapfen stehen bleiben. Diese Zapfen würden eintrocknen und eine Eintrittspforte für Krankheitserreger darstellen. Belassen Sie jedoch den wulstartig abgesetzten Astring, da von hier aus das Neubildungsgewebe die Wunde überwallt und verschließt.

- Schneiden Sie mit Gefühl, vermeiden Sie dabei unbedingt Radikalschnitte. Lassen Sie Kurzholz (bis 5 cm lang) und Spieße (bis 15 cm lang) sowie Kurztriebe (50 cm bei Halbstämmen) einfach stehen. Konzentrieren Sie sich vor allem auf die Langtriebe.

Das richtige Werkzeug

Gutes Werkzeug ermöglicht es Ihnen, die Hälfte Ihres Kraft- und Zeitaufwandes einzusparen.

Für die Entfernung der mehr oder weniger starken Triebe am Baum ist korrekte und saubere Arbeit notwendig. Dazu ist auch qualitativ hochwertiges Werkzeug notwendig. Gutes Werkzeug ist zwar teurer, dafür hält es auch jahrzehntelang. Zur Grundausstattung für den Hobbygärtner gehören:

- Kleine Baum- oder Rebschere
- Astschere mit langen Holmen und Griffen
- Bügelsäge
- Schwertsäge/Teleskopsäge
- Abziehstein zum Schärfen der Klinge
- Messer (Hippe) zum Nachschneiden der Wundränder
- Wundbehandlungsmittel
- höhenverstellbare Leiter

Mit dieser Grundausstattung sind Sie für die Arbeit im Baum gut gerüstet. Sollten

Grundausstattung an Werkzeugen für den Hobbygärtner, die für die Baumpflege notwendig sind.

Sie an Halb- oder Hochstämmen arbeiten müssen, ist eine Leiter in Holz- oder Aluminiumausführung empfehlenswert. Teleskopleitern mit einer Arbeitslänge von 4,50 bis 5,50 m können im eingeschobenen Zustand noch in den meisten PKWs transportiert werden.

Scheren

Für den Schnitt an Obstgehölzen eignen sich einschneidige Leichtmetallscheren bis zu einer Aststärke von etwa 1,5 cm. Es gibt Scheren, bei denen sich die Griffweite der Hand einstellen lässt. Auf Ambossscheren sollten Sie verzichten: Hier drückt die Klinge das Material gegen eine feste Fläche; erhöhter Kraftaufwand mit dem Risiko von Rindenquetschungen sind die Folge. Bei den Astscheren sollten Sie abwägen, wie häufig Sie die Schere benötigen. Schneiden Sie wenig und/oder selten, genügt ein durchschnittliches Produkt. Benötigen Sie die Schere öfters bis zu Aststärken von etwa 3,5 cm Durchmesser, so ist der Kauf eines teureren, aber hochwertigeren Markenartikels sehr zu empfehlen.

Bügelsäge

Eine Bügelsäge, bei der das Sägeblatt im Schnittwinkel verstellt werden kann, gehört zur Grundausstattung. So können Sie auch in Astgabeln problemlos zum Schnitt ansetzen. Die Bügelsägen werden in verschiedenen Längen angeboten. Eine kurze Säge hat den Vorteil, dass Sie auch bei eingeschränkten Platzverhältnissen einen Schnitt durchführen können.

Messer

Das Messer mit der halbmondförmigen Schneidefläche, auch Hippe genannt, wird zum Behandeln von verletztem Holz, lockerer Rinde, zum Nachschneiden der Wundränder und zum Ausschneiden von kranken Stellen benötigt.

Wundbehandlungsmittel

Wundbehandlungs- oder Wundverschlussmittel sollen größere Schnittflächen gegen das Eindringen von mikroskopisch kleinen Krankheits- oder Schaderregern (z. B. Pilzsporen) schützen. Es gibt auch verstreichbare Präparate mit einem Pilz hemmenden Zusatz. Man sollte das Wundverschlussmittel nur ringförmig entlang des Kambiums (Bereich der Gewebeneubildung) dünn auftragen.

Smart

Darauf kommt es beim Werkzeug an

- **Keine starken** Triebe mit einem zu schwachen Werkzeug schneiden, jedes Nachsetzen vergrößert die Infektionsgefahr.
- **Astscheren** mit langen Holmen verringern den Krafteinsatz.
- **Werkzeug** nach jedem Einsatz säubern und nachschärfen.
- **Beim Leiterkauf** von einem Fachmann beraten lassen, auf „Geprüfte Sicherheit“ (GS) achten.
- **Pilz hemmende** Wundbehandlungsmittel bevorzugen und nach Herstellerangaben anwenden.
- **Klappsägen** sind klein, handlich und funktional.

Obstschnitt-Praxis

Spezial

24 Pflanzen Schritt für Schritt

26 Wurzel- und Pflanzschnitt

28 Äpfel und Birnen schneiden

40 Sauer-Kirschen schneiden

42 Süß-Kirschen schneiden

44 Zwetschen schneiden

46 Pfirsiche schneiden

50 Walnüsse schneiden

Spezial

52 Der richtige Zeitpunkt

Pflanzen
Schritt für Schritt

Sie können Ihren Baum im Herbst oder Frühjahr pflanzen. Eine Frühjahrspflanzung hat den Vorteil, dass es keine Frostschäden durch strenge Winterfröste für den jungen Baum geben kann.

Je nach Art des Baumes (z. B. schwach wachsende Veredlung oder wüchsiger Sämling) müssen Sie Ihrem Baum den Start in die Vegetationsphase erleichtern. Vor jeder Pflanzung sollten die Standort- und Bodenbedingungen geprüft werden. Eine sorgfältige Bodenvorbereitung und das Ausheben eines großzügigen Pflanzloches sind besonders wichtig, damit die Wurzeln zügig wachsen und sich im Erdboden verankern können – denn die Wurzeln sind das Fundament des Baumes. Dafür sollten Sie die Grubensohle etwas auflockern. Bei Grundstücken in Nähe zur offenen Landschaft sollten Sie die Wurzeln mit einem Drahtkorb schützen, um Fraßschäden durch Wühlmäuse vorzubeugen. Nach dem Pflanzen sorgt eine Baumscheibe dafür, dass Wasser und Nährstoffe direkt an den Wurzelstock gelangen.

1 Sie können zwischen einer runden oder quadratischen Pflanzgrube wählen. Die quadratische Form mit abgeschrägten Wänden ist leichter mit dem Spaten herzustellen. Als Faustregel gilt, dass die Grube immer einen 1,5 fach größeren Durchmesser als die Größe des Wurzelballens bekommt:

- für einen Hochstamm: 70 × 70 cm, etwa 50 cm tief;
- für einen Halbstamm: etwa 50 × 50 cm, 40 cm tief;
- für einen Buschbaum: 40 × 40 cm × 40 cm;
- für die Spindel: etwa 30 × 30 cm × 30 cm.

2 Lockere, feinkrümelige Erde etwa 5 cm hoch in die Pflanzgrube einfüllen und einen Pfahl setzen. Dieser sollte später deutlich bis zu den ersten Astverzweigungen der Krone reichen. Dann den Baum setzen. Die Veredelungsstelle muss 10 cm über der Bodenoberfläche liegen. Die Grube mit lockerer Erde auffüllen und immer wieder leicht andrücken, damit keine Hohlräume entstehen.

3 Immer wieder den Baum leicht bewegen, damit Erde in die Zwischenräume im Wurzelballen rutschen kann. Einen Gießrand formen, damit das Wasser nicht wegfließen kann. Nun mit ein bis zwei Gießkannenfüllungen (15 bis 20 l) angießen. Gegebenenfalls die Baumscheibe abmulchen.

4 Abschließend die Erde nochmals leicht mit dem Stiefel andrücken. Die Standfestigkeit des Pfahles kontrollieren. Den Baum kurz unterhalb der ersten Verzweigung anbinden. Der Abstand sollte etwa 10 cm betragen. Dabei eine „Acht“ vom Pfahl beginnend um den Baumstamm winden und festknoten.

Wurzel- und Pflanzschnitt

Wenn Sie einen jungen Obstbaum als Wurzelware (also ohne Erdballen) von der Baumschule, dem Gartencenter oder dem Gartenfachbetrieb erworben haben, kann es vorkommen, dass die Wurzeln durch Ausgraben oder Transport beschädigt worden sind.
Das ist nicht weiter schlimm, jedes Wurzelgeflecht kann durch Schnitt wieder korrigiert werden. Die Wurzeln werden mit der Baumschere geschnitten. Sie nehmen den Baum in die Hand und drehen den Stamm in eine Richtung, dabei passiert jeder Wurzelbereich die Schnitthand. Schwarze, ausgetrocknete sowie verletzte Faserwurzeln werden abgeschnitten. Stärkere, bleistift- bis fingerdicke beschädigte Wurzeln werden – sofern der gesamte Wurzelabschnitt betroffen ist – komplett herausgeschnitten, ansonsten erfolgt ein leicht schräger Rückschnitt bis in das gesunde weiße Gewebe. Die stärkeren, gesunden Wurzeln werden um maximal ein Viertel zurückgeschnitten. Abschließend werden alle Faserwurzeln noch leicht eingekürzt. Der Wurzelschnitt sollte sich nur auf das Notwendigste beschränken. Je mehr gesunde Wurzeln der Baum beim Pflanzen hat, desto kräftiger wird der Austrieb sein.

Smart

Start mit dem Pflanzschnitt

- **Gut:** stern- oder kreuzförmige Leitaststellung
- **Korrekturen** mit Spreizhölzern oder Gewichten
- **Leitastschnitt** auf gleicher Ebene (Saftwaage) durchführen

Wichtiges zum Wurzelschnitt

- Bäume mit Erdballen haben bessere Startvoraussetzungen.
- Wässern von Wurzelware verbessert das Anwachsen des Baumes.
- Starke Wurzeln um maximal ein Viertel einkürzen.
- Verfaulte und kranke Wurzelstücke entfernen!
- Mit der Baumschere oder einem scharfen Messer schneiden.

Vor dem Pflanzen schneiden

Bei einem Baum mit vielen Seitentrieben sucht man sich drei oder vier starke, in der Höhe versetzt abzweigende Seitenäste aus, die die zukünftigen Leitäste ergeben. Idealerweise sind dabei die Leitäste stern- oder kreuzförmig um den Stamm herum angeordnet. Zunächst sollten die Leitäste in einen Winkel von etwa 45° oder etwas flacher vom Stamm abgehen. Das kann mit einem Spreizholz geschehen, also einem geraden, finger- bis daumendicken Holzstück, das an beiden

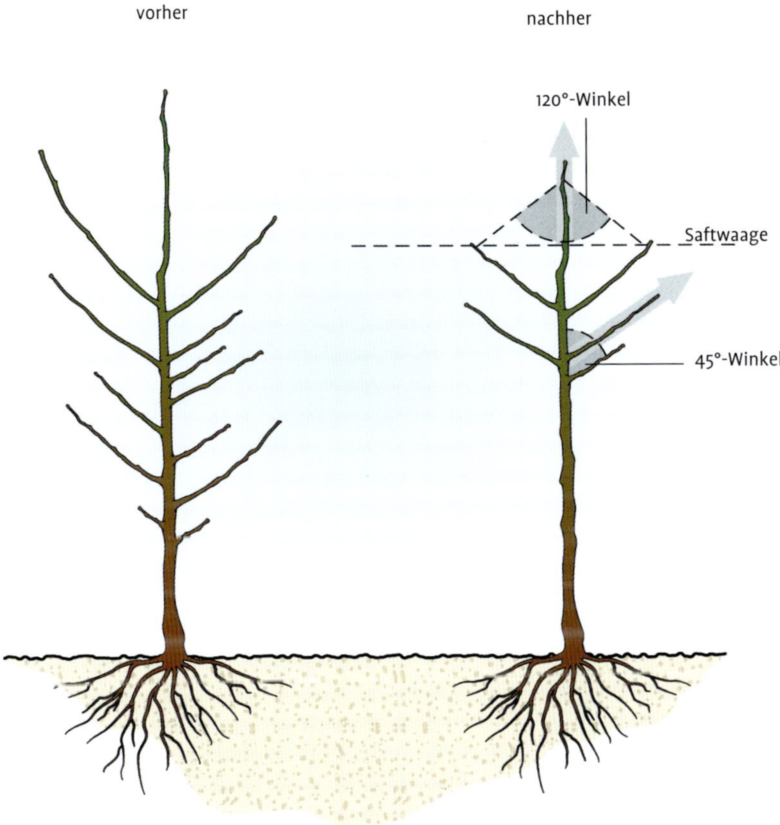

Jungbaum mit vielen Seitenästen vor und nach dem Pflanzschnitt.

Enden V-förmig eingekerbt ist. Weitere Möglichkeiten sind, Gewichte anzubringen oder die Äste herunter- beziehungsweise hochzubinden. Danach werden die Leitäste um maximal ein Drittel auf ein außen liegendes Auge eingekürzt, sodass sich alle Schnittflächen ungefähr auf gleicher Ebene befinden (Saftwaage). Der Konkurrenztrieb, die Abzweigung im oberen Teil des Leittriebes, wird entfernt. Dabei belässt man in der Regel den kürzeren Teil. Am Ende der Schnittarbeiten steht das Einkürzen des mittleren Leittriebes, sodass der Winkel zwischen der Schnittebene der Leitäste und dem eingekürzten Mitteltrieb in etwa 120° beträgt. Als Faustregel gilt: Zwei Handbreit über der Schnittebene der Leitäste wird der mittlere Leittrieb oberhalb eines Auges eingekürzt. Fertig ist der Pflanzschnitt!

Äpfel schneiden

Die Fruchtholzbildung und damit die Blühwilligkeit an den einzelnen Ästen einer Krone ist abhängig vom Holzalter. Die Fruchtbarkeit nimmt von den äußeren, jüngeren Astpartien zu den älteren, im Bauminneren liegenden Kronenbereichen ab.

Allerdings spielt die Sorte bei den verschiedenen Obstgehölzen eine große Rolle. Um einer verfrühten Bildung von „altem Holz“ entgegenzuwirken, sind Eingriffe im Kronenaufbau notwendig – man spricht landläufig von „Erziehen“.

Empfehlenswerte Sorten: z. B. 'Jonathan, 'Elstar', 'Idared', 'Pinova'

Zonen der Fruchtbildung am Apfel, abhängig vom Alter.

Erziehungsschnitt

Der Erziehungsschnitt – hier für eine Rundkrone beschrieben – wird an der jungen Baumkrone so lange wiederholt, bis die Krone fertig aufgebaut ist. Das kann je nach Obstart und Unterlage bis zu acht Jahren dauern.

Der Erziehungsschnitt ist anspruchsvoller als der Pflanz-, Auslichtungs- oder Erhaltungsschnitt. Bevor Sie zu schneiden beginnen, müssen Sie festlegen, wie der Baum in fünf oder sechs Jahren aussehen soll.

Der folgende, vereinfachte „Fahrplan“ soll Ihnen dabei helfen:

- **Konkurrenztrieb** an der Stammverlängerung und Verzweigungen im Endbereich der Leitäste alle entfernen.
- **Senkrecht wachsende Triebe** auf der Astoberseite („Aufsitzer“) sowie die nach

Gute Erziehung ist wichtig!

> Jährlich die korrekte Stellung der Leitäste überprüfen.

> Die Stammmitte nicht zu weit oben anschneiden. Bei hohem Anschnitt bilden sich zu wenig Seitenäste.

> Bei Verzweigungen eine Richtung festlegen und entsprechend auslichten.

> Nicht bei Temperaturen unter –10°C schneiden!

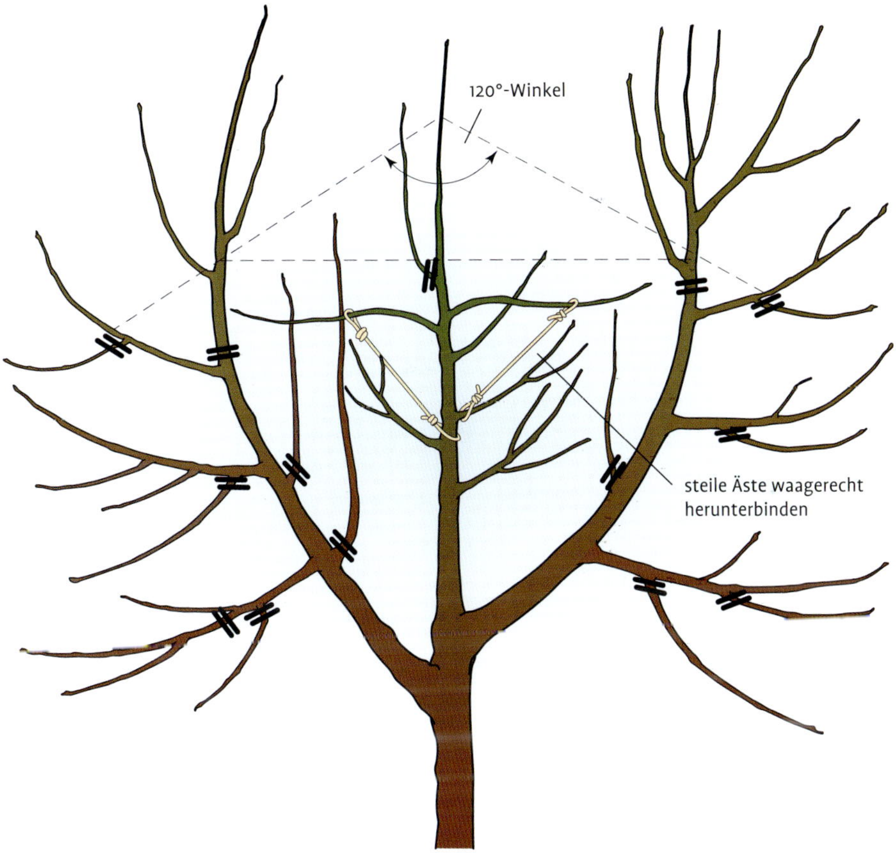

Erziehungsschnitt am Apfel.

innen wachsenden Triebe wegschneiden.

- **Weitere Seitentriebe** außer den Kurztrieben (Blütenlieferanten) bei zu dichtem Wuchs auslichten.
- **Die Triebe am Astansatz** wegschneiden, dabei aber unbedingt den wulstartig ausgebildeten Astring als Zone des Neubildungsgewebes stehen lassen.
- **Keine Aststummel** („Kleiderhaken") stehen lassen, da sich hier im nächsten Jahr zwei neue Triebe bilden oder der Stummel zurückfaulen kann.
- **Lange Seitentriebe,** die im oberen Bereich des Stammes abzweigen, möglichst auf die Waagerechte herunter binden, um das Triebwachstum zu beruhigen.
- **Stellung der Leitäste** (45° oder geringfügig flacher) überprüfen und gegebenenfalls durch Abspreizen oder Hochbinden korrigieren.
- **Mittel-/Leittrieb** auf etwa 60 bis 80 cm über den letzten Seitenästen zurücknehmen, sodass ein Winkel von etwa 120° entsteht.
- **Seitenäste** auf ungefähr gleiche Höhe bringen.

Apfel: Auslichten und Verjüngen

Der Auslichtungsschnitt ist notwendig, wenn der Obstbaum „in die Jahre“ gekommen ist. Meistens handelt es sich dabei um ältere Obstbäume, die durch frühere Schnittmaßnahmen zwar gut aufgebaut wurden, aber in den letzten Jahren keine Korrekturschnitte erfahren haben. Die Krone macht einen ungepflegten Eindruck, das Astwerk ist sehr dicht und im Bauminneren bildet sich kaum noch Fruchtholz aufgrund des geringen Lichteinfalls. Ansätze zur Verkahlung sind sichtbar. Bevor Sie mit dem Sägen bzw. Schneiden beginnen, machen Sie sich Gedanken über das zukünftige Aussehen des Baumes.

Verjüngen schrittweise

> Den Baum in seinem Wuchs, Astgerüst, seiner Erscheinungsform einschätzen.

> Schnittkonzept grob festlegen.

> Baumhöhe festlegen und alle Arbeiten darauf ausrichten.

> Schnittflächen > 8 cm mit einem fungizidhaltigen Wundverschlussmittel nur am Rand verstreichen.

Auslichtungsschnitt am älteren Apfel; entfernte Partien grau gefärbt.

Auslichten: Zwei-Stufen-Programm

▸ **Zuerst** sollten Sie entscheiden, welche bestehenden Astpartien Sie übernehmen wollen. Wo müssen Leitäste deutlich eingekürzt werden, damit die Krone wieder ins Gleichgewicht kommt? Wo müssen eventuelle Konkurrenztriebe zur Stammmitte herausgenommen werden?

▸ **Im zweiten Schritt** werden dann die stark nach oben und nach innen wachsenden Triebe und eng beieinanderliegende Äste herausgenommen. Ist diese Arbeit abgeschlossen, wird die Krone Meter für Meter ausgelichtet. Das Maß des Auslichtens ist abhängig von der Menge des Fruchtholzes. Achten Sie auf einen guten Lichteinfall in die Baumkrone!

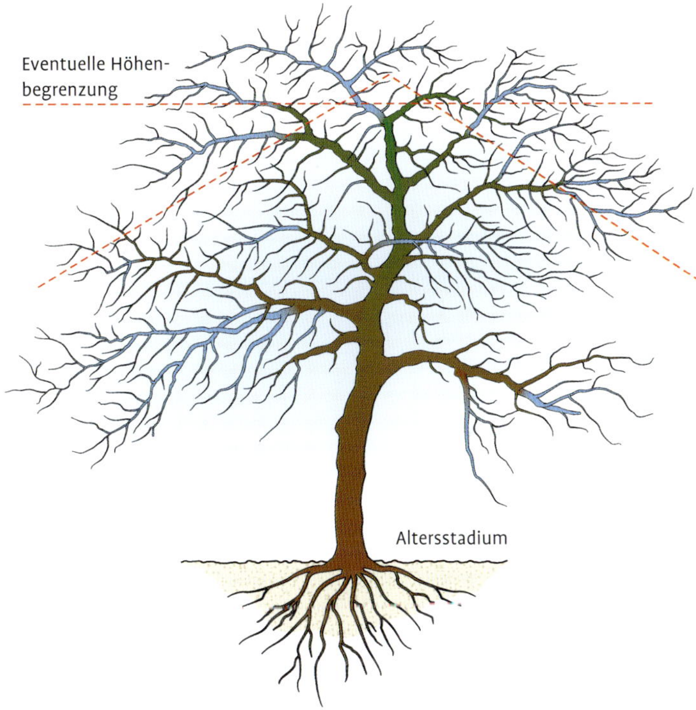

Verjüngung mit Höhenbegrenzung, zu Entfernendes ist blau gefärbt.

Verjüngungskur

Der Verjüngungsschnitt ist nicht zu verwechseln mit dem Auslichtungsschnitt. Beim Verjüngen nimmt man bei älteren Obstbäumen die Krone zurück, wenn sie kaum noch Jungholz zeigen, zu verkahlen beginnen und sobald die Früchte nur noch klein ausfallen. Dadurch wird der Baum zur Bildung von Neutrieben angeregt; nach ein bis zwei Jahren verbessert sich die Fruchtqualität merklich.

Bevor mit der eigentlichen Verjüngung begonnen wird, ist die gesamte Krone auszulichten, damit Sie Platz zum Arbeiten haben. Nun müssen Sie die Baumhöhe festlegen, da hiervon alle anderen Arbeiten beeinflusst werden. Bei der Höhenbegrenzung nehmen Sie den Leit- oder Mitteltrieb (die Stammverlängerung) bis auf einen fast waagerecht abgehenden Ast auf die gewünschte Höhe zurück.

Nun folgt die klassische Verjüngung: Bei Leitästen, die sich geteilt haben, müssen Sie eine Richtung vorgeben und den anderen Teil entfernen. Die Leitastverlängerungen werden in entsprechender Höhe zur neuen Stammmitte abgesägt, sodass sie in einem 120°-Winkel zueinander stehen.

Durch das Entnehmen von älterem Quirlholz und sonstigen störenden Ästen regen Sie den Baum wieder zur Fruchtholzbildung an. Da alle Maßnahmen recht große Schnittflächen verursachen, ist eine Wundbehandlung mit einem Pilz hemmenden Verschlussmittel ratsam.

Robuste Apfelsorten

Das heutige Angebot von Apfelsorten ist so vielfältig, dass dem Hobbygärtner die richtige Sortenentscheidung schwer fällt.

„Robust" ist eine Pflanze, wenn sie sich gegenüber bestimmten Krankheiten und Schädlingen wenig anfällig zeigt. In der folgenden kleinen Sortenübersicht sind einige Apfelsorten zusammengestellt, die sich aufgrund ihrer Eigenschaften gut für den Hobbygärtner eignen. Die für ihn wichtigen Eigenschaften wie Fruchtgröße, Pflegeaufwand, Ansprüche oder auch Einschränkungen werden in prägnanten Stichworten aufgeführt. Bei der Auswahl wurde bewusst auf Robustheit, geringen Pflegeaufwand, Krankheitsresistenz und Tafelobstqualität geachtet.

Die Auswahlkriterien für die Obstart oder -sorte sollten Lage, Klimabedingungen, Bodenbeschaffenheit und Wasserführung berücksichtigen. Die richtigen Standortbedingungen erhalten die Pflanze über viele Jahre gesund.
Wenn Sie außerdem Nistgelegenheiten und gute Bedingungen für natürliche Gegenspieler wie Marienkäfer, Schwebfliegen oder Raubmilben schaffen und Sie sich außerdem einen geringstmöglichen Einsatz von Pflanzenschutzmitteln zum Ziel setzen, werden Sie viel Freude an Ihrem gesunden Baum und leckeren Früchten haben.

'Florina'

reich fruchtend

- Beschreibung: Diese Sorte ist krankheitsresistent, wenig schorfanfällig und erfordert nur geringen Pflegeaufwand.
- Eigenschaften: Frucht mittelgroß bis groß mit schöner Ausfärbung; Pflückreife Mitte bis Ende Oktober; gute bis sehr gute Lagereigenschaften.
- Standortansprüche: Relativ anspruchslos, gedeiht auf warmen Böden bei sonnigem bis leicht schattigem Standort.
- Bemerkung: Da die Sorte reichlich Früchte ansetzt, ist gelegentliches Ausdünnen des Fruchtholzes notwendig. In geschützten Lagen auch in Höhenlagen (> 700 m) ausreichende Tafelobstqualität.

'Idared'

etwas anfällig

▸ Beschreibung: 'Idared' ist etwas anfällig für Mehltau und Schorf. Der Pflegeaufwand ist gering bis mittel.

▸ Eigenschaften: Frucht eher groß mit einer kräftig roten Ausfärbung: Pflückreife während des ganzen Oktobers; relativ gute Lagereigenschaften.

▸ Standortansprüche: Benötigt einen relativ warmen Standort, aber nicht unbedingt Weinbauklima.

▸ Bemerkung: Erfordert etwas Aufmerksamkeit hinsichtlich Schorf- und Mehltaubefall.

'Pinova'

robuste Einsteigersorte

▸ Beschreibung: 'Pinova' hat eine hohe Widerstandskraft gegenüber Pilzkrankheiten. Wegen ihrer Robustheit sehr gut geeignet für Einsteiger.

▸ Eigenschaften: Frucht mittelgroß mit gleichmäßiger Fruchtgröße; Pflückreife ab Anfang Oktober; gute bis sehr gute Lagereigenschaften.

▸ Standortansprüche: Diese Sorte ist relativ anspruchslos.

▸ Bemerkung: Sehr wenig Pflegeaufwand notwendig, etwas schorfempfindliche Sorte.

'Fiesta'

früh reifender Apfel

▸ Beschreibung: Eine Sorte, die vor den anderen Sorten geerntet werden kann, aber kein Frühapfel ist.

▸ Eigenschaften: Frucht klein bis mittelgroß mit wenig Ausfärbung; Pflückreife bereits ab Mitte September; weniger gute Lagereigenschaften.

▸ Standortansprüche: Toleriert auch etwas ungünstige Standorte.

▸ Bemerkung: Sehr wenig Pflegeaufwand notwendig, Apfelsorte für den Frischverzehr.

Birnen schneiden

Die Fruchtholzbildung bei der Birne verhält sich ähnlich wie beim Apfel. Die Blühwilligkeit und Fruchtbildung ist abhängig vom Holzalter. Die Fruchtbarkeit nimmt von den außen liegenden, jüngeren Astpartien zu den älteren, in Stammmitte liegenden Bereichen ab. Der Schwerpunkt der Fruchtbildung liegt bei der Birne am drei- bis vierjährigen Holz.

Erziehungsschnitt

Nachdem auf der Seite 28f. der Erziehungsschnitt am Apfelbaum behandelt wurde, werden hier die wesentlichen Unterschiede des Wuchsverhaltens von Birnen gegenüber Äpfeln beschrieben und ergänzende Schnitthinweise gegeben.
Auch bei der Birne ist das Schnittziel, eine Krone mit einem Traggerüst gut verteilter Leitäste, locker gestreuten Seiten- und Fruchtästen und reichlich Fruchtholz aufzubauen.
Wie beim Schnitt am Apfelbaum müssen Sie hier mit etwa sechs bis acht Jahren bis zum fertigen Kronenaufbau rechnen. Beim Erziehungsschnitt der Birne wird in den ersten vier Jahren prinzipiell genauso vorgegangen wie beim Apfel: Nicht mehr benötigte Neutriebe, Konkurrenztriebe und störende Astverzweigungen werden weggeschnitten.
Aber die Birne baut von Natur aus schmaler auf als der Apfel und strebt intensiver nach oben. Dieses Verhalten muss man beim Erziehungsschnitt berücksichtigen. Waren beim Pflanzschnitt keine günstig gestellten und gleichmäßig verteilten Leitäste vorhanden, so besteht jetzt die Möglichkeit der Korrektur: Ein unzureichender Leitast, der einen ungünstigen Verlauf oder eine falsche Richtung hatte, wird durch einen günstiger gestellten Jungtrieb ersetzt.
Die Leitäste werden in den Folgejahren immer wieder auf ein nach außen zeigendes Auge zurückgenommen, um das Breitenwachstum zu fördern. Der Rückschnitt richtet sich auch nach der Wuchsstärke des Baumes. Bei einem schwachen Verlängerungstrieb kann bis zur Hälfte eingekürzt werden. Kräftige Triebe nimmt man auf etwa ein Viertel bis maximal ein Drittel zurück. Steil nach oben zeigende Leitäste sollten Sie abspreizen, damit die Krone nicht zu schmal wird. Die Stellung der Leitäste sollte dabei maximal 45° betragen, besser etwas flacher. Zum Abspreizen

Birnen erziehen

> Leitaststellung 45° oder etwas flacher, die Leitaststellung jährlich überprüfen!

> Die Birne neigt zum „Durchgehen“: den Mitteltrieb stärker zurücknehmen!

> Alle Schnittmaßnahmen so ausrichten, dass Licht in den Baum kommt.

können junge, flexible Äste bis zu 10 cm nach außen gedrückt werden. Bei älteren Zweigen ist etwas mehr Vorsicht geboten: Hier ist bei 3 bis 5 cm die Grenze erreicht, da ansonsten der Ast schnell einreißen würde.
Auch bei der Birne kann über das Herunterbinden langer Seitentriebe im oberen Kronenbereich in eine fast waagerechte Lage das Triebwachstum gebremst werden. Wie auch beim Apfel sollten Sie senkrecht nach oben wachsende, bestehende sowie neu heranwachsende Triebe an den Ansatzstellen auslichten und nach innen wachsende Äste entfernen. Der mittige Leittrieb der Birne neigt zum „Durchgehen“, das Triebwachstum der Stammmitte ist also stark ausgeprägt. So kann dieser Zuwachs in einem Jahr bis zu 2 m betragen! Sie sollten beim jährlichen Rückschnitt hier mehr als beim Apfel zurücknehmen. 10 bis 20 cm unterhalb des eingekürzten Mitteltriebes werden alle Seitentriebe entfernt. Der Rückschnitt ist ideal ausgeführt, wenn viele Knospen austreiben und sich etwas mehr Fruchttriebe als Holztriebe entwickeln.

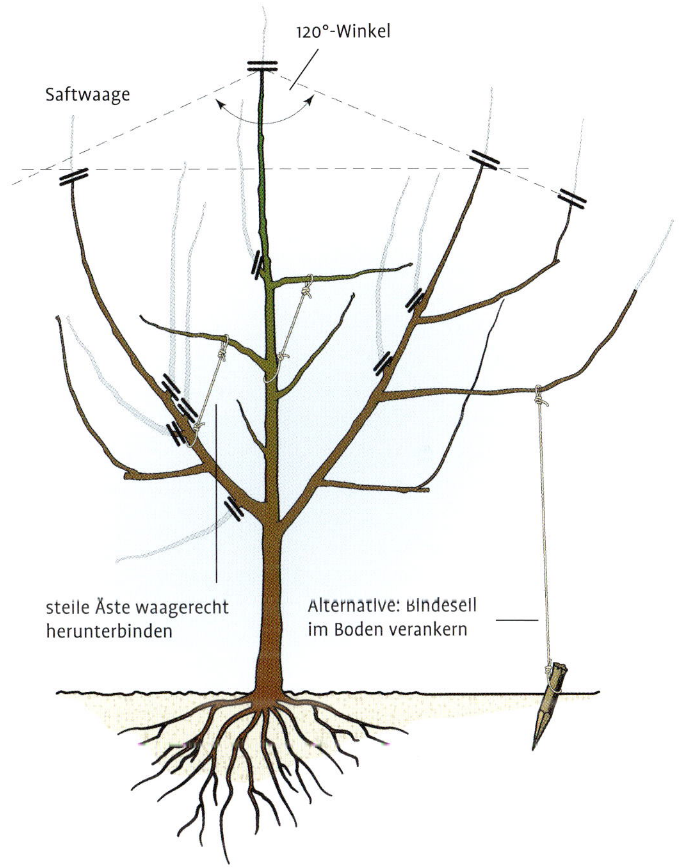

Erziehungsschnitt bei der Birne. Da sich die Birne schmaler als ein Apfelbaum aufbaut, muss man durch verschiedene Maßnahmen die Krone möglichst breit entwickeln: mittels Triebschnitt auf ein nach außen zeigendes Auge, durch Herunterbinden von Ästen an andere Äste oder an einen Pflock im Boden, ggf. durch Abspreizen mit Spreizhölzern (nicht dargestellt). Der Dachwinkel der Kronenspitze beträgt wie beim Apfel etwa 120°.

Smart

Wichtiges in Kürze

- **Starkes Einkürzen** verursacht starken Austrieb, aber wenig Fruchttrieb.
- **Leitäste** auf ein nach außen zeigendes Auge zurückschneiden.
- **Wachstum** durch waagerechtes Herunterbinden der Äste beruhigen.

Birnenkronen auslichten und erhalten

Bestandsaufnahme

> Wie sieht die Krone des Baumes aus?

> Wie entwickeln sich die Früchte?

> Sind Äste krank oder beschädigt?

> Gibt es Wühlmausspuren in Baumnähe?

Erhaltungsschnitt bei Birnen

Der Erziehungsschnitt ist nach etwa fünf bis sieben Jahren abgeschlossen, die Leitäste haben einen relativ flachen Verlauf, es wächst nichts nach innen oder senkrecht nach oben; die nach unten wachsenden Äste wurden entfernt, es kommt Licht in den Baum – die Krone ist fertig aufgebaut. In diesem Alter ist ein richtig erzogener Baum fast im Vollertragsstadium.

Damit dieser Zustand auch viele Jahre erhalten bleibt, muss die Entwicklung von Holz- und Fruchttrieben in den kommenden Jahren ausgewogen sein. Diese Ausgewogenheit bedeutet: viele Neutriebe, ausreichende Blütenbildung, regelmäßige Ernten. Gerät diese Ausgewogenheit in eine Schieflage, sollten Sie Maßnahmen zur Wiederherstellung des Gleichgewichts ergreifen. Bevor mit dem Sägen oder Schneiden begonnen wird, sollten Sie eine Bestandsaufnahme (siehe Kasten) machen.

Ist die Krone länglich und schmal aufwärts strebend, werden die Leitäste auf einen tiefer liegenden, nach außen gehenden Trieb abgesetzt. Störende Äste im Kroneninneren werden sorgfältig ausgelichtet. Krankes oder beschädigtes Holz wird bis ins gesunde Holz zurückgeschnitten. Bei Wühlmausschäden an der Wurzel hilft nur konsequentes Aufstellen von speziellen Wühlmausfallen oder Vertreiben der Plagegeister mittels Gaspatronen.

Baumkronen erneuern

Sollten Sie Bäume besitzen, die schon 20 bis 30 Jahre alt sind, kann die Vitalität des Baumes nachlassen. Weniger Fruchtholz, kleinere und unansehnlichere Früchte führen zu weniger Ertrag; die Krone ist durch ineinander wachsende Zweige sowie Quirlholz viel zu dicht und ohne Fruchtholz. Jetzt sollten Sie eine Kronenerneuerung einleiten. Nach einer ersten Beurteilung werden zuerst die kranken, verletzten, von Baumkrebs befallenen, dürren und zu dicht stehenden Äste herausge-

nommen. Im zweiten Schritt sind starke, nach innen und nach oben wachsende Äste zu entfernen. Um Licht in den Baum zu bringen, ist es gegebenenfalls notwendig, einen ganzen Astkranz zu entfernen. Um das Obst in erreichbarer Nähe wachsen und heranreifen zu lassen, sollten Sie noch die Gesamthöhe begrenzen. Nehmen Sie dazu den Mitteltrieb (die Stammverlängerung) auf einen darunterliegenden Astkranz zurück.
Besonders Birnen mit ihrem starken Triebwachstum sollten Sie regelmäßig kontrollieren und bei ihnen rechtzeitig regulierend eingreifen. So vermeiden Sie riskante Schnittmanöver auf durchgewachsenen, viel zu hohen Bäumen!

Smart

Kronenerhaltung

> **Vor dem Schnitt** den gesamten Baum beurteilen.
> **Äste** auf Krankheiten und Verletzungen überprüfen.
> **Licht** in den Baum bringen: überzähliges und störendes Astwerk auslichten.
> **Rückschnitt** auf zwei Jahre verteilen.

Birnenernte – bei gut entwickelten, gesunden Früchten eine Freude!

Robuste Birnensorten

Für den Hausgarten stehen viel mehr Sorten mit besseren Fruchtqualitäten zur Verfügung als die eingeschränkte Auswahl, die man im Supermarkt vorfindet.

Ob ein Baum wohlschmeckende und gesunde Birnen tragen wird, entscheidet sich mit der Sortenwahl im Gartencenter oder in der Baumschule. Tafelbirnen haben etwas höhere Wärmeansprüche als Äpfel. Birnen aus Höhenlagen über 600 m über NN entwickeln in der Regel nicht mehr genügend Fruchtsüße; sie werden vorwiegend zur Saftherstellung verwendet.
Neben dem Geschmack ist für die Sortenwahl auch die Anfälligkeit gegenüber Krankheiten und Schädlingen entscheidend. Voraussetzung für die Robustheit der Birne ist, dass der Standort nicht zu kalt und rau ist, der Boden keine Staunässe aufweist und nicht zu kalkreich ist.
Birnensorten werden auf auf Sämlings- und Quittenunterlagen angeboten. Auf Sämlingsunterlagen stellt sich der Ertrag erst spät ein. Birnen auf Quittenunterlagen sind von deutlich schwächerem Wuchs und der Fruchtertrag stellt sich wesentlich früher ein.
In der folgenden Sortenübersicht sind einige Birnensorten zusammengestellt, die sich aufgrund ihrer Pflegeleichtigkeit für den Hobbygärtner gut eignen. Auch wohlschmeckende, aber etwas empfindlichere Sorten wie 'Madame Verte', 'Conference', 'Uta' oder 'Isolda' haben ihre Berechtigung. Übrigens: Birnen brauchen immer eine andere Birnensorte zum Bestäuben, deshalb immer zwei verschiedene, zueinander passende Sorten pflanzen!

'Alexander Lucas'

Lagerfähige Tafelbirne

- **Beschreibung:** 'Alexander Lucas' ist wegen der Robustheit sehr gut geeignet. Diese Birnensorte ist wenig anfällig gegen Schorf.
- **Eigenschaften:** Frucht mittelgroß bis groß mit einer gelblichen Ausfärbung; Pflückreife ab Anfang Oktober; Lagereigenschaften: Lagerung bis Dezember möglich.
- **Standortansprüche:** Relativ anspruchslos; gedeiht am warmen, sonnigen bis leicht schattigen Standort.
- **Bemerkung:** Weit verbreitete Tafelbirne, die bis in Höhenlagen von 600 m ü. NN angebaut werden kann.

'Frühe von Trevoux'

Birne für den Frischverzehr

- Beschreibung: Eine wegen ihrer Anspruchslosigkeit relativ weit verbreitete Sorte für den Hausgarten.
- Eigenschaften: Frucht mittelgroß, birnen- bis glockenförmig mit einer hellgelben Ausfärbung; Pflückreife ab Mitte August; Lagereigenschaften: nur kurzfristig lagerbar.
- Standortansprüche: Gedeiht auch noch an mäßig warmen Standorten.
- Bemerkung: Sorte für den Frischverzehr. Pflanzungen bis zur einer Höhenlage von 600 m ü. NN möglich.

'Gellerts Butterbirne'

Wuchsstarker Baum

- Beschreibung: Die Sorte ist nicht ganz so robust wie 'Alexander Lucas'. Sie ist etwas schorfanfällig.
- Eigenschaften: Frucht mittelgroß bis groß. Grüngelbe Farbe mit einem leichten Rostüberzug; Pflückreife ab Mitte September; mäßig gute Lagereigenschaften.
- Standortansprüche: Geringe Ansprüche an die klimatischen Bedingungen.
- Bemerkung: Widerstandfähig gegen Winterfröste. Besonders wuchsstark. Nach maximal vier Wochen die Früchte verwerten!

'Gute Luise'

Pflegeleichte Sorte

- Beschreibung: Die Sorte fordert etwas mehr Wärme; sie ist am richtigen Standort pflegeleicht.
- Eigenschaften: Frucht klein bis mittelgroß mit schöner Ausfärbung. Man kann sie während des ganzen Septembers ernten; mäßige Lagereigenschaften, bis zu vier Wochen lagerbar.
- Standortansprüche: Benötigt wärmere Standorte, aber kein Weinbauklima.
- Bemerkung: Auf Schorf-Infektionen achten!

Sauer-Kirschen schneiden

Wenn Sie eine Sauer-Kirsche im Hausgarten pflanzen wollen, ist ein kleiner Buschbaum auf einer schwächer wachsenden Unterlage empfehlenswert. Er bietet den Vorteil, dass er auch im fortgeschrittenen Alter nur etwa 3 bis 3,50 m hoch wird. Das erleichtert Schnitt und Ernte: Sie benötigen keine Leiter und die Früchte können mit Netzen gegen Vogelfraß geschützt werden.

Sauer-Kirschen – frisch vom Baum, als Saft oder Marmelade lecker!

Pflanzschnitt

Nach dem Ausheben der Pflanzgrube folgt der Pflanzschnitt. Hier werden drei bis vier Leitäste ausgesucht und diese um etwa zwei Drittel auf ein außen liegendes Auge eingekürzt. Zwischen den Leitästen und der Stammverlängerung sollte ein Winkel um die 120° bestehen. Die Stellung der Leitäste zur Stammachse nimmt einen Winkel von etwa 45° ein. Die Äste können Sie durch Herunter- oder Heraufbinden in die gewünschte Stellung bringen.

Erziehungsschnitt

Der Rückschnitt der Seitenäste und der Stammverlängerung wird über die nächsten vier bis fünf Jahre wiederholt. Dabei müssen Sie immer wieder die Stellung der Leitäste kontrollieren und zu dicht stehende Triebe auslichten. Bei allen Schnittmaßnahmen sollten Sie nicht vergessen, dass die Sauer-Kirsche vorwiegend

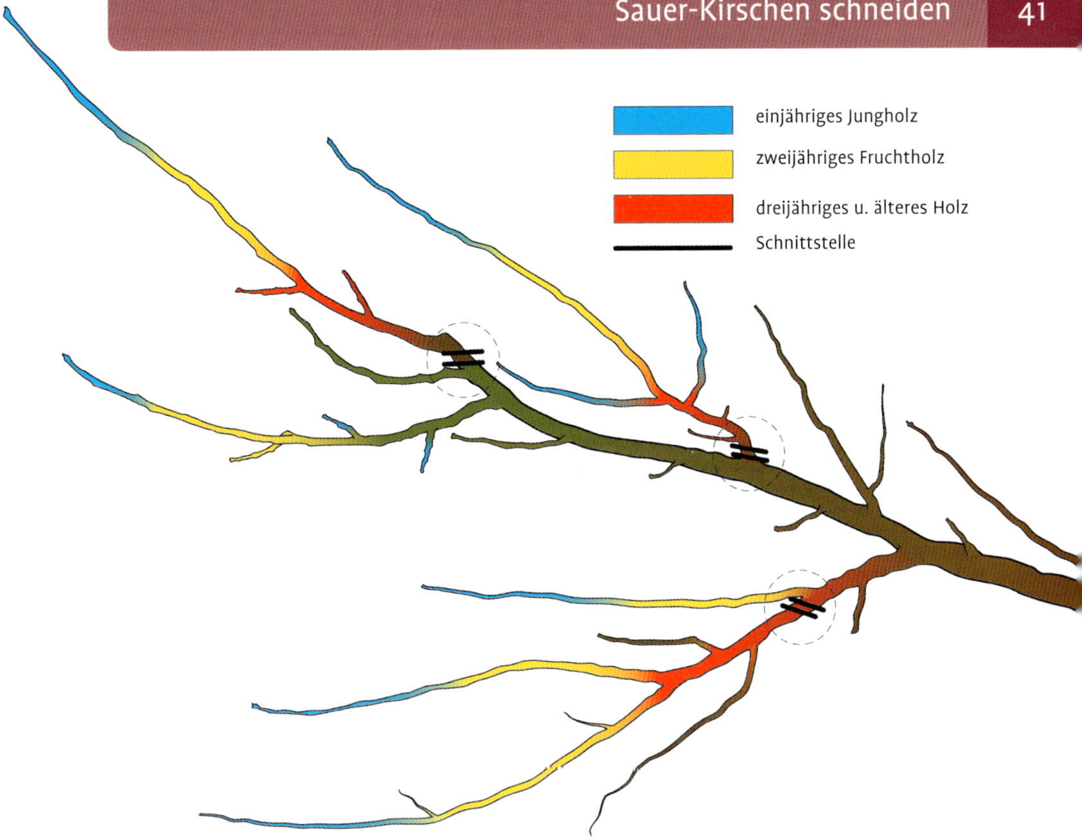

Trieb der Sauer-Kirsche, gemäß seiner Altersstufen geschnitten.

am ein- bis zweijährigen Holz Früchte bildet. Also bitte keine jungen Triebe abschneiden – es ist das zukünftige Fruchtholz!

Erhaltungs-schnitt

Etwa ab dem fünften Standjahr sollten Sie Leitastverlängerungen nicht mehr in die Höhe wachsen lassen, sondern auf einen nach außen laufenden, tieferen Ast ableiten. Die Auslichtungsmaßnahmen an der Sauer-Kirsche beschränken sich auf die Korrektur der Leitäste und dem Herausnehmen von störendem Astwerk. Im fortgeschrittenen Alter kann die Stammmitte oberhalb der Leitastverzweigungen komplett heraus genommen werden, sodass sich eine Hohlkrone bildet. Dadurch dringt mehr Licht in den Baum, die Baumgesundheit und die Fruchtqualität profitieren davon.

Smart

Besonderheiten bei der Sauer-Kirsche

- **Sauer-Kirschen** bilden ihre Früchte überwiegend am ein- bis zweijährigen Holz.
- **Die Stammverlängerung** kann nach etwa acht Jahren herausgenommen werden, sodass eine Hohlkrone entsteht.
- **Sauer-Kirschen** sind anfällig für Spitzen- oder Fruchtdürre (*Monilia*) – resistente Sorten bevorzugen!

Süß-Kirschen schneiden

Eine weiß blühende und im Juli mit prallen Früchten behangene Süß-Kirsche im Garten – was für ein Genuss! Damit Sie die Früchte Ihrer Arbeit ernten können, sind verschiedene Schnittmaßnahmen an einer Süß-Kirsche notwendig.

Süß-Kirschen entwickeln bei fachgerechter Pflege schmackhafte Früchte.

Pflanzschnitt

Nachdem der Baum gepflanzt worden ist, sorgt der Pflanzschnitt für ein ausgewogenes Verhältnis zwischen reduziertem Wurzelvolumen und oberirdischen Teilen – das erleichtert das Anwachsen. Der Pflanzschnitt wird wie beim Apfel beziehungsweise bei der Birne durchgeführt. Hier sollten die Leitäste etwas flacher als beim Apfel stehen. Ein Winkel von 60° zur Stammachse ist anzustreben.

Erziehungsschnitt

Für einen Kronenaufbau suchen Sie sich drei oder vier kräftige Triebe aus, die möglichst gleichmäßig am Stamm verteilt sind. Weitere Triebe werden weggeschnitten oder herunter gebunden. Die Leitäste werden nach der allgemeinen Schnittregel (siehe Seite 16) um etwa zwei Drittel auf eine Astebene auf ein nach außen liegendes Auge zurückgeschnitten. Die Stammverlängerung wird soweit eingekürzt, dass sich ein Winkel von etwa 120° zwischen der Spitze der Stammmitte und den Leitastenden ergibt. Das Einkürzen der Leitäste sowie der Stammverlängerung und vorsichtiges Auslichten werden in den folgenden drei bis vier Jahren wiederholt.

Erhaltungsschnitt an einer Süß-Kirsche fortgeschrittenen Alters.

Erhaltungsschnitt

Etwa ab dem fünften bis sechsten Standjahr sollte die Höhenentwicklung der Krone begrenzt werden. Das geschieht, indem die Stammverlängerung bis auf den letzten Astkranz oder auf einen waagerecht aus der Mitte herauswachsenden Ast abgeleitet wird. Das gleiche Prinzip wird auch bei den Leitästen angewendet, hier wird der Leitast auf einen nach außen verlaufenden Ast zurückgenommen. Andere Triebe, die sich entlang der Leitäste entwickelt haben, werden waagerecht gebunden, dadurch stellt sich der Ertrag früher ein und das Wachstum wird etwas gebremst. Später werden in der Krone größere Äste herausgenommen und störende oder behindernde Triebe ausgelichtet. Diese Schnittarbeiten am Kirschbaum können Sie gleich nach der Ernte, also noch im belaubten Zustand zwischen Juli und August durchführen. Die Schnittwunden verheilen in dieser Vegetationsphase sehr viel schneller als während der Vegetationsruhe; damit sinkt auch die Infektionsgefahr.

Smart

Besonderheiten bei der Süß-Kirsche

> **Fruchtholz bildet** sich bei der Süß-Kirsche überwiegend am drei- bis vierjährigen Holz.

> **Höhenbegrenzung** ab dem fünften bis sechsten Standjahr einleiten.

> **Rückschnitt** nach der Ernte möglich, wenn der Baum im Laub steht.

> **Befruchtung:** verschiedene Sorten pflanzen!

Zwetschen und Pflaumen schneiden

Die 'Hauszwetsche' – eine alte, aber nicht ganz pflegeleichte Sorte.

Die Verwandtschaft ist vielgestaltig; neben Zwetschen und Pflaumen gibt es Renekloden, Mirabellen oder Kirschpflaumen. Unterschiede zwischen Pflaumen und Zwetschen: Die Pflaume ist rundlicher und größer, ihr Fruchtfleisch lässt sich nicht so gut vom Stein lösen. Das Angebot für Zwetschen ist sehr breit gefächert. Sie können Halbstämme mit einem Kronendurchmesser von 10 m oder eine schwach wachsende Spindel für den Vorgarten oder Pflanztrog kaufen. Zwetschenbäume gedeihen auch bei wenig Pflege; gelegentliche Schnittmaßnahmen sind auch hier notwendig.

Pflanzschnitt

Sie haben einen Baum gekauft, die Pflanzgrube ist ausgehoben. Der Pflanzschnitt wird genauso wie beim Apfel oder der Birne durchgeführt. Dazu suchen Sie sich drei oder vier Leitäste aus. Sie sollten gleichmäßig am Stamm verteilt und in der Höhe versetzt angeordnet sein. Der Rückschnitt der Leitäste erfolgt gemäß der Schnittregeln auf der Seite 16 deutlich um zwei Drittel auf ein nach außen liegendes Auge. Die Zwetsche baut von Natur aus schmal auf, durch den Rückschnitt auf ein nach außen liegendes Auge erzielen Sie mehr Breitenwachstum. Die Stellung der Leitäste sollte etwas flacher als 45° sein. Alle Leitäste werden in Saftwaage geschnitten. Der Rückschnitt der Stammverlängerung erfolgt so, dass zwischen den Leitastenden und der Spitze

Smart

Besonderheiten bei der Zwetsche

> **Früchte werden** bei der Zwetsche/Pflaume überwiegend am dreijährigen Holz gebildet.

> **Der Rückschnitt** des Neutriebes beim Pflanzschnitt beträgt etwa zwei Drittel von der Gesamtlänge.

> **Die Leittriebe** werden beim Erziehungsschnitt um etwa die Hälfte zurückgenommen.

> **Leitaststellung:** maximal 45°.

> **Der Verkahlung** kann man durch Zapfenschnitte entgegenwirken.

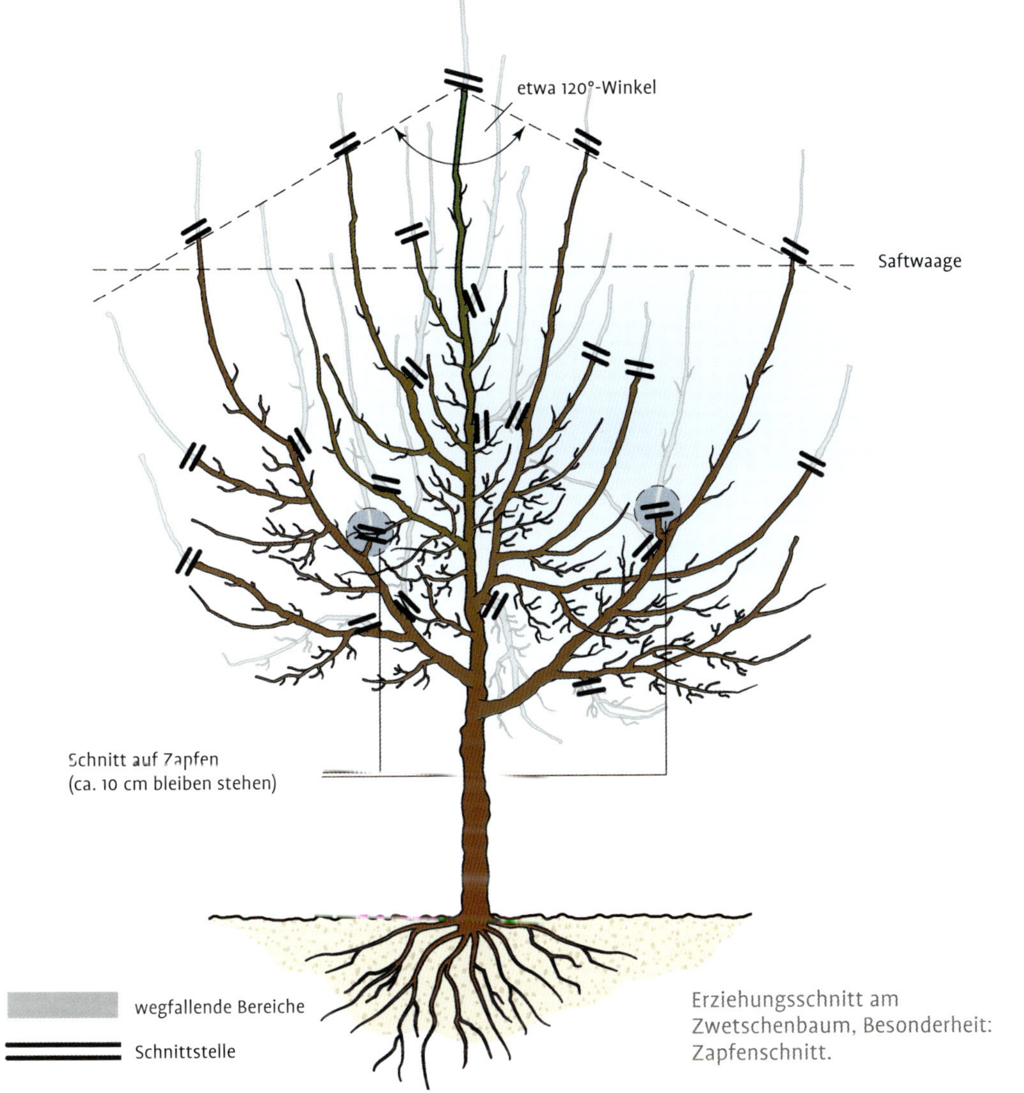

Erziehungsschnitt am Zwetschenbaum, Besonderheit: Zapfenschnitt.

des mittleren Leittriebes ein Winkel von etwa 120° entsteht. Kleinere Spieße werden am Baum belassen.

Erziehungsschnitt

Die Leitäste werden um etwa die Hälfte zurückgenommen. Auch hier gilt: Möglichst auf ein nach außen zeigendes Auge zurückschneiden! Die kleineren Spieße lassen Sie stehen, die Langtriebe werden herausgenommen. Damit Ihr Baum innen nicht zu kahl wird, kann der ein oder andere Langtrieb auf eine Zapfenlänge von 10 bis 15 cm zurückgeschnitten werden. Dieser Ablauf wiederholt sich die nächsten vier bis sechs Jahre, bis die Krone fertig aufgebaut ist.

Erhaltungsschnitt

Der Kronenerhalt bei der Zwetsche beschränkt auf die Entfernung sich kreuzender oder störender Äste, die den Lichteinfall in den Baum behindern. Sollten die Leitäste zu lang oder zu hoch geworden sein, werden sie auf einen darunterliegenden Ast abgesetzt.

Pfirsiche schneiden

Der Pfirsich wird vorwiegend in milden Lagen und Gebieten mit Weinbauklima angebaut. Er stellt hohe Ansprüche an den Boden und das Klima. Auf schweren Böden kann es sortenbedingt zu Gummifluss kommen.

Das Pfirsichholz und die Blüten sind sehr frostempfindlich – bei der Standortwahl unbedingt beachten! Ideal ist ein Platz in der Nähe einer Hauswand, nach Süden ausgerichtet, relativ warm und windgeschützt.

'Kernechter vom Vorgebirge' – ein Pfirsich für geschützte Lagen.

Pflanzschnitt

Gepflanzt wird der Baum im späten März. Der Pflanzschnitt beinhaltet das Einkürzen der vorher festgelegten Leitäste auf drei bis fünf Knospen. Alle anderen übrigen Hölzer werden entfernt. Der Stamm wird auf 60 bis 80 cm Länge zurückgeschnitten. Es sollte ein Winkel von etwa 100 bis 120° zwischen der Stammverlängerung (des Leittriebes) und den Leitastenden angestrebt werden.

Erziehungsschnitt

Im darauffolgenden Jahr steht die Entscheidung an, ob der Pfirsichbaum mit oder ohne Stammmitte erzogen werden soll. Die Hohlkrone kommt in Hausgärten häufiger vor. Die Stammverlängung wird oberhalb einer kräftigen Leitast-Verzweigung im zweiten, spätestens im dritten Standjahr herausgenommen. Bis zum vierten oder sechsten Standjahr werden die Leit- und Nebenäste immer wieder in der zweiten Februarhälfte um etwa die Hälfte zurückgenommen.

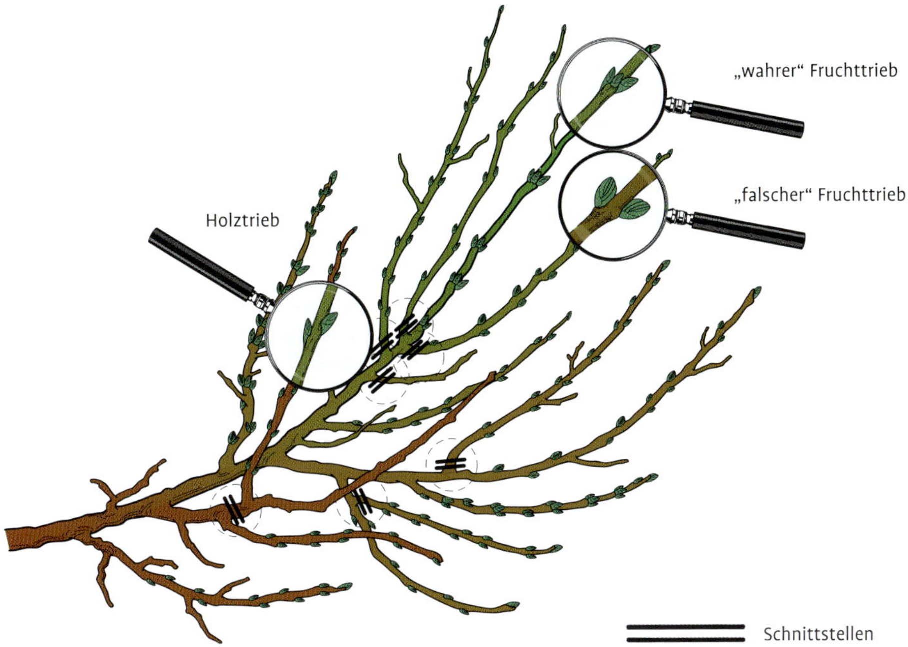

Besonderheiten beim Pfirsich: Neben Holztrieben gibt es „wahre“ und „falsche“ Fruchttriebe.

Besonderes bei Pfirsichtrieben

Bei den Trieben unterscheidet man „wahre“ von „falschen“ Fruchttrieben. An ersteren wachsen die schönsten Früchte; dieser Trieb ist bleistiftstark mit drei nebeneinander liegenden Knospen: zwischen zwei Blütenknospen liegt die Blattknospe. Er wird auf die Hälfte eingekürzt. Der „falsche Fruchttrieb“ besitzt nur Blütenknospen. Mangels Blättern können sich an solchen Trieben kaum Früchte ausbilden. Dieser wird ganz zurückgeschnitten. Der „Holztrieb“ wird um zwei Drittel eingekürzt, wenn er als Seiten- oder Leitast benötigt wird, ansonsten wird er entfernt. Die Kurztriebe werden nicht herausgeschnitten.

Pfirsich Know-How

- **Der Pfirsich** fruchtet mit Ausnahme der Bukett-Triebe am einjährigen Holz.
- **Der Boden** sollte locker und gut durchlüftet sein.
- **Gegen die** Kräuselkrankheit gibt es keine Mittel, hier hilft nur Entfernen.
- **Störende Zweige** können schon nach der Ernte entfernt werden.

Smart

Verjüngungsschnitt

Ist Ihr Pfirsichbaum „in die Jahre“ gekommen, muss er verjüngt werden, um wieder zu neuem Triebwachstum angeregt zu werden. Beim Verjüngungsschnitt werden die Leit- und Seitenäste stark bis in das alte Holz zurückgenommen.

Robuste Steinobstsorten

Für viele Steinobstarten wird ein breites Spektrum an verschiedenen Unterlagen angeboten.

Neuzüchtungen von Zwetschen und Pflaumen bieten genügend Alternativen hinsichtlich schwach wachsender Unterlagen, Widerstandskraft gegen Krankheiten, Frostresistenz und Erntezeitpunkte. Lang anhaltende Extremtemperaturen, verbunden mit Nässe, können zu Totalausfall führen. Die Unterlage bestimmt, wie groß der Baum wird und welche Ansprüche er an Klima und Boden stellt. Besonders in kleinen Gärten sollte man sich von alten, ausladenden Sorten trennen.
Die Zwetsche benötigt zur guten Entwicklung einen nährstoffreichen, feuchten und gut durchlüfteten Boden. Etwas Sonne tut der Fruchtentwicklung gut. Zwetschen und Pflaumen sind bezüglich Schnitt- und Pflegemaßnahmen anspruchsloser als Apfel und Birne, sollten aber nicht vernachlässigt werden.
Die Süß-Kirsche meidet Staunässe und wechselfeuchte Böden. Sie reagiert darauf mit Gummifluss.
Das Klima sollte nicht allzu rau sein, tiefe Wintertemperaturen und Spätfröste verträgt die Süß-Kirsche nur sehr schlecht. Bei den Süß- und Sauer-Kirschen werden neben dem altbewährten Standard-Sortiment auch viele interessante Neuzüchtungen angeboten. Allerdings gibt es bei Süß-Kirschen nur eingeschränkt schwach wachsende Unterlagen, das sollte bei der Kaufentscheidung berücksichtigt werden. In der Übersicht wurden Sorten zusammengestellt, deren Pflegeaufwand sich für den Hobbygärtner in Grenzen hält und mit denen gute Erfahrungen bezüglich Ertrag, Fruchtqualität und Geschmack gemacht wurden.

‘Büttners Rote Knorpel’

regenfeste, robuste Sorte

- Beschreibung: Hellgelbe Süß-Kirsche mit roter Schale. Das Fleisch ist relativ weich und saftig mit gutem Geschmack.
- Eigenschaften: Frucht mittelgroß bis groß; Pflückreife ab der 4. Kirschwoche (Mitte Juni).
- Standortansprüche: Diese Sorte kann auch noch in mäßig warmen Gegenden gepflanzt werden; in geschützten Lagen bis 500 m ü. NN. möglich.
- Bemerkung: Für den Frischverzehr und die Konservierung geeignet. Sie hat den Vorteil, dass sie nach dem Regen nicht so leicht platzt. Eine gute Kirsche für den Selbstversorger.

'Karneol'

Wärme liebende Kirsche

- Beschreibung: 'Karneol' ist eine großfrüchtige, dunkelrote Sauer-Kirsche mit mittelfestem Fruchtfleisch.
- Eigenschaften: Frucht mittelgroß bis groß, leicht pflückbar; Pflückreife Mitte bis Ende Juli.
- Standortansprüche: Bevorzugt warme, frostgeschützte Standorte, zum Beispiel an der windgeschützten Sonnenseite eines Hausgartens.
- Bemerkung: Es handelt sich um eine neuere Züchtung mit recht guter Toleranz gegen Pilzerkrankungen.

'Hauszwetsche'

etwas anfällige, alte Sorte

- Beschreibung: Die 'Hauszwetsche' ist eine sehr alte Sorte. Das Fleisch ist mittelfest und saftig.
- Eigenschaften: Frucht mittelgroß, länglich bis eiförmig; sehr lange Pflückreife von Mitte September bis Ende Oktober.
- Standortansprüche: Wenig Ansprüche, gedeiht noch in Höhenlagen von 800 m ü. NN.
- Bemerkung: Anfällig gegen die Scharkakrankheit und den Pflaumenrost. Die kurzen, stacheligen Spieße erschweren die Erntearbeit etwas. Eine Zwetsche für den Alltagsgebrauch (Kuchen, Kompott).

'Hanita'

neue, robuste Zwetsche

- Beschreibung: 'Hanita' ist eine neuere Sorte. Das Fruchtfleisch ist goldgelb und sehr saftig.
- Eigenschaften: Frucht mittelgroß, zwischen 3 und 4 cm; Pflückreife ab Ende August bis Mitte September.
- Standortansprüche: Benötigt ausreichend feuchte Böden.
- Bemerkung: Durch stetige Verbesserungen bei der Züchtung sind die Anfälligkeiten gegen die Scharkakrankheit verbessert worden. Eignet sich besonders für den Frischverzehr.

Walnüsse schneiden

Bei Walnüssen beachten:

> Bäume aus Sämlingen können bis zu 20 m hoch werden!

> Kleinwüchsigere Walnuss-Veredlungen sind auch für Hausgärten geeignet.

> Die Walnuss verträgt keinen Spätfrost – warme Standorte wählen!

> Walnüsse sind selbstfruchtbar.

> Die Walnuss bildet auch ohne Schnitt eine lockere Krone.

Walnussbäume waren früher wichtige Holzlieferanten, die Früchte der Bäume dienten zur Ölherstellung. Die großen Bäume sind willkommene Schattenspender und unter ihrem Blätterdach ist man vor Fliegen und Stechmücken weitgehend sicher. Der Walnussbaum ist ein Baum für die freie Landschaft oder für sehr große Grundstücke. Die Höhe eines Sämlings kann 20 bis 25 m betragen und einen Kronendurchmesser von 15 bis 20 m einnehmen. Früchte entwickeln sich erst nach zehn bis fünfzehn Jahren. Es gibt heute auf schwach wachsenden Unterlagen veredelte Walnüsse, die diese Baumart auch für kleinere Grundstücke interessant werden lässt. Die Walnuss verlangt einen etwas wärmeren Standort, tiefe Wintertemperaturen können zu Holzschäden führen; Spätfröste zerstören den Austrieb und die Blüten. Der zweite Austrieb erfolgt zwar rasch, aber ohne Blüten. An die Bodenverhältnisse stellt die Walnuss keine besonderen Bedingungen. Ihr Plus: Walnussbäume erkranken kaum!

Pflanzschnitt

Haben Sie sich für eine Walnuss entschieden, muss ein Pflanzschnitt durchgeführt werden. Dazu werden die ausgesuchten drei Leitäste auf etwa 20 bis 30 cm zurückgenommen. Die Leitäste sollten in unterschiedlicher Höhe und gut verteilt entlang des Stammes angeordnet sein. Die Stammverlängerung wird etwa 25 cm über der Abzweigung des letzten oberen Leitastes abgeschnitten. Im ersten und in den darauffolgenden Jahren treibt der Walnussbaum nur schwach aus. Das volle Wachstum setzt ab dem dritten Standjahr ein.

Erziehungsschnitt

Er ist auch bei der Walnuss notwendig, soll die Krone schön und zweckmäßig aufgebaut werden. Ein Rückschnitt der Leitäste in den ersten acht bis zehn Jahren erübrigt sich, da sie sich von Natur aus schön verzweigen. Für einen gleichmäßigen Kronenaufbau werden nur die wirklich störenden Äste herausgenommen. Zusätzlich sind die verletzten und dürren Äste herauszunehmen. Sollte bei der Pflanzung der Kronendurch-

Besonderes „Obst“: Walnüsse sind gesund und nahrhaft!

messer unterschätzt worden sein, so können Sie die Äste, die andere Bäume beeinträchtigen, zurücknehmen.

Erhaltungsschnitt

Hier legen Sie Ihr Augenmerk auf die Fruchtholzerneuerung, ausreichenden Lichteinfall und eine ausgewogene Krone. Bei dichtem Wuchs nimmt der Ertrag im Kroneninneren rasch ab, da die Walnuss nur am einjährigen Holz und hier vorwiegend an der Terminalknospe fruchtet. Der günstigste Schnittzeitpunkt ist der ausgehende Winter, je nach Witterung Mitte bis Ende Februar. Eingriffe kurz vor dem Austrieb haben stärkeren Saftfluss an der Schnittfläche („Bluten“) zur Folge. Es ist aber auch der Sommerschnitt im Juli/August durchführbar, hier „blutet“ der Baum nur kurzzeitig und die Schnittwunde wird innerhalb kurzer Zeit verschlossen.

Smart

Walnuss-Infos

- **Gegen Spätfrost** unempfindlichere, veredelte Sorten wie Nr. 120, 124, ‘Franquette’ oder ‘Mayette’ pflanzen.
- **Leitäste flach** für eine breite Krone erziehen, nicht zurückschneiden.
- **Schnitt im Juli/August** durchführen. Im Winter blutet der Baum stark.

Spezial

Der richtige Zeitpunkt

	Zeitraum											
Pflanzen												
Apfel, Birne, Kirsche, Zwetsche	Jan	Feb	**Mrz**	**Apr**	Mai	Jun	Jul	Aug	Sep	**Okt**	**Nov**	Dez
Pfirsich	Jan	Feb	**Mrz**	**Apr**	Mai	Jun	Jul	Aug	Sep	Okt	Nov	Dez
Schneiden												
Apfel, Birne, Sauer-Kirsche, Zwetsche	Jan	**Feb**	**Mrz**	Apr	Mai	Jun	Jul	Aug	Sep	Okt	**Nov**	**Dez**
Süß-Kirsche, Walnuss	*Jan*	Feb	Mrz	Apr	Mai	**Jun**	**Jul**	Aug	Sep	Okt	*Nov*	*Dez*
Pfirsich	Jan	Feb	Mrz	**Apr**	Mai	Jun	Jul	Aug	Sep	Okt	*Nov*	*Dez*
Pflanzenschutz												
Paraffinöl gegen Blattläuse	**Jan**	**Feb**	Mrz	Apr	Mai	Jun	Jul	Aug	Sep	Okt	**Nov**	**Dez**
Präparate gegen Blattläuse	Jan	Feb	Mrz	**Apr**	**Mai**	**Jun**	Jul	Aug	Sep	Okt	Nov	Dez
Pilzpräparate (Fungizide)	Jan	Feb	Mrz	**Apr**	**Mai**	**Jun**	**Jul**	Aug	Sep	Okt	Nov	Dez
Ernte												
Süß-Kirsche	Jan	Feb	Mrz	Apr	**Mai**	**Jun**	*Jul*	Aug	Sep	Okt	Nov	Dez
Sauer-Kirsche	Jan	Feb	Mrz	Apr	Mai	Jun	**Jul**	Aug	Sep	Okt	Nov	Dez
Zwetsche	Jan	Feb	Mrz	Apr	Mai	Jun	**Jul**	**Aug**	**Sep**	Okt	Nov	Dez
Apfel	Jan	Feb	Mrz	Apr	Mai	Jun	Jul	**Aug**	**Sep**	**Okt**	Nov	Dez
Birne	Jan	Feb	Mrz	Apr	Mai	Jun	Jul	**Aug**	**Sep**	*Okt*	Nov	Dez
Walnuss	Jan	Feb	Mrz	Apr	Mai	Jun	Jul	Aug	Sep	**Okt**	**Nov**	Dez

■ optimaler Zeitraum *□* möglicher Zeitraum

›emerkung
vurzelnackte Ware, keine Containerpflanzen
›ei starken Minusgraden nicht schneiden!
›chnitt besser in belaubtem Zustand
nax. 3x in diesem Zeitraum ausbringen
‹inweise des Herstellers berücksichtigen!
‹inweise des Herstellers berücksichtigen!
›ortenabhängiger Reifezeitpunkt
›ortenabhängiger Reifezeitpunkt
›.o., Lageräpfel nicht zu spät ernten – ›n Lager reifen die Äpfel nach
›ortenabhängiger Reifezeitpunkt

Wenn die Bäume in Blüte stehen, stehen Schädlingserkennung und -bekämpfung an. Die Leimgürtel sollten bis März abgenommen werden, der Boden wird auf Wühlmaushaufen hin untersucht. Bieten Sie Nützlingen wie Florfliegenlarven oder Marienkäfern Nisthilfen und Lebensräume an.

Wann ist der optimale Zeitpunkt zum Pflanzen, Schneiden, Ernten und für den Pflanzenschutz?

Nebenstehend wurden die anstehenden Arbeiten und die dafür optimalen und geeigneten Zeiträume, die sich in der Praxis bewährt haben, in einer Tabelle zusammengefasst. Dabei gibt es verschiedene Ansichten und Theorien zu jedem der aufgeführten Punkte.
Diese Zeiträume sollen Ihnen als Orientierung für Ihre Gartenaktivitäten dienen. Es besteht zusätzlich die Möglichkeit, Obstgehölze auch im Sommer zu schneiden. Der Vorteil des Sommerschnitts ist, dass die Schnittstellen sehr schnell verheilen und keine Wundbehandlung notwendig ist. Präparatempfehlungen für den Pflanzenschutz werden aufgrund der unsteten Situation bei den Zulassungsbestimmungen nicht gegeben. Hier sind die jeweiligen Landrats-, Landwirtschafts- und Pflanzenschutzämter der Bundesländer die richtigen Ansprechpartner.

Erste Hilfe für Obstbäume

56 Schäden erkennen – Abhilfe schaffen

58 Die häufigsten Schadbilder

Spezial

60 Obst auf kleinem Raum

62 Infoecke

Spezial

64 Profi-Tipps zum Bäume schneiden

Schäden erkennen – Abhilfe schaffen

Mit der Arbeit im Garten haben Sie die Möglichkeit, auf einem kleinen Stück Natur die Vorgänge und Zusammenhänge miterleben zu können.

Das setzt aber voraus, dass die Bedingungen denen der freien Natur ähneln. Das Ökosystem Garten ist umso stabiler, je vielfältiger die Pflanzenzusammensetzung ist. Ziel eines Gartenbesitzers sollte es sein, ein ausgewogenes Verhältnis zwischen Schädlingen und deren Gegenspielern („Nützlingen“) sowie entsprechende Pflanzungen mit gesunden und verschiedenartigen Pflanzen zu erreichen.

Dazu gehört beispielsweise, Pflanzabstände pflanzengerecht zu wählen: Von einer Walnuss muss zu anderen Obstgehölzen mindestens ein Abstand von 6 bis 8 m gewahrt werden, da ansonsten die Pflanzen kümmern und dadurch anfällig für Pilz- und Schädlingsbefall werden. Außerdem spielen die Standortbedingungen – Licht, Temperatur, Bodenverhältnisse, Nährstoffe, Wasser – eine wichtige Rolle für das Immunsystem des Baumes. Pflanzen, die im Garten optimale Voraussetzungen vorfinden, sind weniger anfällig für Krankheiten. Sollte es doch mal zu Schädigungen kommen, sind nachfolgend die wichtigsten Schadbilder und die dazugehörigen Gegenmaßnahmen kurz beschrieben.

Gelbtafeln

Farbfalle für Fruchtfliegen

- Bekämpfung: Der gelbe Farbton der beleimten Tafel zieht Weiße Fliege, Kirschfrucht- und Minierfliege an.
- Anwendung: Der Handel bietet fertig beleimte Tafeln an. Große Tafeln werden bis etwa 15 m^2, kleinere Tafeln bis ungefähr 7 m^2 Standfläche eingesetzt.
- Bemerkung: Bei einem Baum mit etwa 6 m Kronendurchmesser werden acht bis zehn Gelbtafeln benötigt. Aufgehängt werden sie im äußeren Kronenbereich des Baumes.

Leimringe

auf den Leim gegangen

▸ Bekämpfung: Leimringe werden am Baum und am Pfahl angelegt. Abgewehrt werden Kleiner und Großer Frostspanner.

▸ Anwendung: Der Leimring wird in etwa 1 m Höhe rings um den Stamm angelegt. Den Leimring nur von September bis Februar/März am Baum belassen!

▸ Bemerkung: Der Leimring oder Leim wird im September angebracht beziehungsweise aufgetragen, im zeitigen Frühjahr entfernt und die unbrauchbar gewordenen Leimringe vernichtet. Leimgürtel sind im Gartenfachhandel erhältlich.

Verbissschutz

sich die Zähne ausbeißen

▸ Bekämpfung: Jungbäume können mit Drahtgittern, Kunststoffspiralen und Baumhülsen gegen Stamm- und Wurzelfraß durch Kaninchen und Mäuse geschützt werden.

▸ Anwendung: Die Spirale oder das Drahtgitter wird bis zu einer Höhe von mindestens 80 cm am Stamm angebracht; beim Drahtgitter sollte man einen Abstand von etwa 5 cm einhalten. Bei Drahtgittern um die Wurzeln den Wurzelhals freihalten!

▸ Bemerkung: Verwenden Sie engmaschigen Draht. Kunststoffspiralen muss man nach einer gewissen Zeit entfernen, damit er nicht einwächst.

Wundverschluss

Pflaster für Baumwunden

▸ Bekämpfung: Durch das Baumwachs wird die Infektionsgefahr durch Pilzsporen an der Schnittstelle > 8 cm reduziert.

▸ Anwendung: Die Schnittfläche wird am Rand mit der Hippe glatt geschnitten. Das Verschlussmittel wird hier gleichmäßig und sorgfältig von außen nach innen aufgetragen. Die Mitte spart man aus, damit überschüssiger Saft abfließen kann.

▸ Bemerkung: Verwenden Sie möglichst ein Mittel mit integriertem Fungizidpräparat. Bei großen Schnittwunden wird nur am Rand im Bereich der Gewebeneubildung Baumwachs aufgetragen.

Birnengitterrost *Gymnosporangium sabinae*

▸ Schadbild: Hierbei handelt es sich um eine Infektion durch einen wirtswechselnden Rostpilz. Die Sporen überwintern im Holz bestimmter Wacholderarten. Ab Mai werden Birnenbäume befallen. Das Blatt verfärbt sich zuerst an der Oberseite durch rötliche bis braunrote Flecken. An der Blattunterseite bilden sich kleine, trichterförmige Pusteln.
▸ Abhilfe: Zur vorbeugenden Kräftigung eignet sich eine Ackerschachtelhalmbrühe. Zur direkten Bekämpfung verwenden Sie Fungizide auf Netzschwefelbasis. Ansonsten hilft Abschneiden der angeschwollenen Wacholdertriebe.

Apfelschorf *Venturia inaequalis*

▸ Schadbild: Der Schorf kommt bei Kern- wie auch bei Steinobst vor. Bei Schorf handelt es sich um eine Pilzinfektion, die sich durch olivgrüne, verwaschene Flecken am Blatt mit späterem Blattfall abzeichnet. Auf der Frucht sind die Flecken dunkelbraun, im späteren Verlauf schuppenförmig ausgebildet.
▸ Abhilfe: Ab Blattaustrieb nach einer längeren Feuchtigkeitsperiode regelmäßig Netzschwefel spritzen. Zusätzlich sollten die Bäume ein eher lichtes Astwerk haben. Gegen Erstinfektionen sollte Falllaub immer zügig untergemulcht werden, da hier die Pilzsporen überdauern.

Monilia-Fruchtfäule *Monilia fructigena*

▸ Schadbild: Diese Pilzinfektion befällt die Früchte von sowohl Kern- als auch Steinobst und tritt in zwei unterschiedlichen Schadbildern auf: als Polsterschimmel an Früchten im Baum in Form von Ringen oder auch flächig angeordneten Sporenlagern, außerdem als Lagerfäule (= Schwarzfäule).
▸ Abhilfe: Herausnehmen aller durch Baumkrebs erkrankter Teile, Ausdünnen von Früchten und Mumien, Auslichten von zu dichtem Astwerk, großzügiges Entfernen befallener Zweige, Fungizide mit Beginn der Blütenöffnung mehrmals aufsprühen. Erkrankte Früchte nicht einlagern!

Spitzendürre *Monilia laxa*

▸ Schadbild: Auch bei diesem Befall ist ein Pilz aus der Gattung *Monilia* die Ursache. Die Spitzendürre tritt häufiger bei Steinobst, aber auch bei Kernobst (Apfelsorten 'Alkmene', 'James Grieve') auf. Blätter, Blüten und der obere Triebbereich welken schlagartig, verfärben sich bräunlich bis grau und vertrocknen.
▸ Abhilfe: Triebe mindestens 5 bis 10 cm ins gesunde Holz zurückschneiden. Schnittholz nicht kompostieren und befallene Früchte sowie Fruchtmumien aus dem Baum entfernen. Falllaub zügig untermulchen!

Schrotschusskrankheit *Wilsonomyces carpophilus*

▸ Schadbild: Eine Pilzinfektion des Steinobstes. Befallen werden Blätter, Triebe und Früchte. An den Blättern entstehen zuerst kleine rötliche, scharf abgegrenzte Blattflecken, die verbräunen und bis zu 5 mm Durchmesser erreichen. Sie brechen nach einiger Zeit durch und es entstehen Löcher.
▸ Abhilfe: Befallene Blätter und Früchte entfernen, Laub untermulchen, für eine gute Durchlüftung des Baumes sorgen, in hartnäckigen Fällen ein Pilzpräparat aufsprühen. Vorbeugend wenig anfällige Sorten (z. B. 'Abels Späte' bei Süß-Kirschen) pflanzen.

Blattläuse *Aphididae*

▸ Schadbild: Es gibt eine Vielzahl von Blattläusen, beispielsweise Grüne Apfelblattlaus, Apfelfalterlaus, Mehlige Apfellaus oder Schildlaus. Blattläuse leben in Kolonien an frischen Trieben. Sie verursachen durch ihre Saugtätigkeit eingerollte Blätter und verdorrte Jungtriebe.
▸ Abhilfe: Läuse können schonend mit einer Seifenlösung, Brennnesselbrühe oder durch Abspritzen der Blätter mit Wasser bekämpft werden. Im Spätwinter können die Äste zusätzlich mit Paraffinöl zum Abtöten der Eigelege eingesprüht werden.

Apfelgespinstmotte *Yponomeuta malinella*

▸ Schadbild: Von ihr werden überwiegend Apfelbäume, selten Birnbäume geschädigt. Im Mai/Juni sind die Blätter und Endtriebe mit einem dichten, schleierartigen Gespinst überzogen, in dem zahlreiche gelblichgraue, schwarzgefleckte Räupchen leben. Die in das Gespinst einbezogenen Blätter sind stark skelettiert.
▸ Abhilfe: Das Abschneiden der eingesponnenen Bereiche sowie sorgfältiges Vernichten sind unbedingt notwendig! Eine Winterbehandlung mit Paraffinöl ist empfehlenswert.

Blutlaus *Eriosoma lanigerum*

▸ Schadbild: Die Blutlaus (auch „Wolllaus" genannt) erkennt man an watteartigen Gebilden an Trieben, Zweigen sowie an Ast- und Stammwunden. Darunter befinden sich die Läuse. Ein mehrjährig starker Befall kann zu Wachstumstörungen und im Extremfall zum Absterben des Baumes führen.
▸ Abhilfe: Bei geringem Befall werden die Läuse mit dem Handschuh einfach zerdrückt. Ist der Befall höher, werden die stark geschädigten Äste ausgeschnitten und verbrannt. Fördern Sie Nützlinge durch Unterschlupf- und Nistgelegenheiten sowie nützlingsschonende Gartenbewirtschaftung.

Obst auf kleinem Raum

Keinen Garten, nur eine Terrasse oder Balkon? Auch auf wenig Platz können Sie Apfel- oder Kirschbäume dekorativ aufstellen und deren Obst ernten. Gartenmärkte und Baumschulen bieten verschiedene schwachwüchsige Obstbäume an, die mit wenig Platz auskommen.

Bei Steinobst kommen vor allem Zwergbüsche und beim Apfel „Ballerina“-Bäume dafür in Frage. Diese Sonderform stammt ursprünglich aus Kanada und wurde in England als Tribut an zurückgehende Gartengrößen sowie für Terrassen- und Balkongärtner züchterisch weiterentwickelt. Ein „Ballerina“-Apfel zeichnet sich durch seine kompakte Wuchsform aus. Er wird nicht breiter als 40 bis 50 cm, da er keine Seitenäste ausbildet. Die Höhe einer „Ballerina“ kann im ausgewachsenen Zustand bis zu 3,50 m betragen, ist aber durch Schnitt der Leittriebs einfach zu regulieren. In einem Pflanzbehälter wachsen „Ballerinas“ wegen der eingeschränkten Platzverhältnisse grundsätzlich nicht so hoch und etwas langsamer. Für solche Bäume findet sich immer ein Plätzchen: In einem dekorativen Pflanzbehälter, als Solitärbaum neben dem Hauseingang, als Gruppe mit einem Busch der Sauer-Kirsche auf Terasse oder Balkon, aber auch eine kleine Apfel-Hecke ist jederzeit möglich. „Ballerina“-Bäume sind pflegeleicht, blühwillig und im Herbst wird man mit Früch-

Viel Freude mit kleinen Bäumen

- Pflanzgefäße für „Ballerinas“ sollten großzügig (ab 25 l) bemessen sein.
- „Ballerinas“ oder Zwergbüsche müssen regelmäßig gegossen werden – vor allem im Sommer!
- Ab dem Blühen bis in den Juli hinein sollten Sie jeden Monat einmal düngen.
- Bei Zwergformen von Kirschen immer zwei unterschiedliche Sorten pflanzen!
- Der Pflanzabstand sollte bei mehreren Bäumen nicht weniger als 50 betragen.
- Als „Ballerina“-Sorten empfehlenswert: ‘Bolero’, ‘Polka’, ‘Nela’ und ‘Macexel’.

ten belohnt. Da die „Ballerinas“ üblicherweise im Topf auf einer stärkeren Unterlage veredelt angeboten werden, benötigt die Pflanze auch keinen Pfahl oder eine sonstige Stütze. Hier wird auch kein Pflanzschnitt durchgeführt – Leitäste gibt es nicht! Sollten sich wider Erwarten doch etwas längere Seitenäste ausgebildet haben, können Sie diese auf zwei bis drei Augen oder komplett zurückschneiden. Im fortgeschrittenen Alter kann es vorkommen, dass die Vitalität deutlich nachlässt. Durch einen Rückschnitt des Leittriebes um ein Drittel und im Folgejahr eventuell nochmals um maximal ein Drittel können Sie den Baum zu einer Wuchssteigerung mit Jungholzbildung anregen. Wählen Sie dann einen Jungtrieb in der Nähe der verbliebenen Stammmitte als neuen Mitteltrieb aus und ziehen Sie diesen in den Folgejahren weiter nach oben.

Als gute „Ballerina“-Sorten können die Sorten ‘Bolero’ (hellgrüne Frucht, saftig-fest), ‘Polka’ (rötlichgrüne Frucht) und ‘Waltz’ (dunkelrote Frucht, saftigsüß) sowie ‘Nela’ und ‘Macexel’ empfohlen werden.

Selbst auf Balkonien muss der Obstbaumfreund nicht auf seine Früchte verzichten. Äpfel, Birnen, Sauer-Kirschen und Zwetschen werden auch auf schwachwüchsigen Unterlagen angeboten.

Infoecke

Hilfreiche Internetadressen

Julius-Kühn-Institut: Hinweise zu Schädlingen und Krankheiten sowie zu Nützlingen und Wildpflanzen.
▸ **www.jki.bund.de**

Bundesverband Deutscher Gartenfreunde: Naturlehrpfade, Ökogärten, Schul- und Kindergärten.
▸ **www.kleingarten-bund.de**

Sächsische Landesanstalt für Landwirtschaft:
Resistente Obstsorten.
▸ **www.landwirtschaft.sachsen.de**

Fördergemeinschaft Ökologischer Obstbau: u.a. Ökologische Pflanzenschutzmittel, Obstbautage, Lehrfahrten:
▸ **www.foeko.de**

Bayerische Landesanstalt für Weinbau und Gartenbau:Interessante Tipps zum Freizeitgartenbau, zu Nützlingen, richtigem Düngen.
▸ **www.lwg.bayern.de**

Die Seiten von der Universität Weihenstephan bieten umfassende Informationen über alle Gartenthemen.
▸ **www.hswt.de/weihenstephaner-gaerten.html**

Zum Autor

▸ **Uwe Jakubik,** Jahrgang 1954, betreibt seit vielen Jahren eine kleine Obstanlage mit dem Anbau-Schwerpunkt resistente und geschmacklich attraktive Obstsorten für den Hobbygärtner. Er vermittelt sein Wissen mittels praktischer Anschauung und Fotografien einem immer größer werdenden Interessentenkreis.

Anlaufstellen

Als Anlaufstellen für Fragen zum Obstanbau, zur Schädlingsbekämpfung, zu Pflanzenschutz und Pflanzendüngung können empfohlen werden:

- **Obst- und Gartenbauvereine**
- **Kreisobstverbände**
- **Landratsämter (in Baden-Württemberg: Grünlandberatung)**
- **Landwirtschaftsämter**

Bildquellen

Umschlagfoto vorne: blickwinkel/McPHOTO/ H.-R Mueller
Anest/Shutterstock.com: Seite 2.
Buchter-Weißbrodt, Helga Seite 49 li.
GBA/GPL Seite 59 u.
GBA/Noun Seite 42.
Himmelhuber, Wolfgang Seite 39 re., 57 li., 58 o., 59 M. o.
Jakubik, Uwe Seite 18, 19.
mauritius images: Seite 54/55.
Julius Images/Wolfgang Redeleit Seite 24 li. o., 24 li. u., 25 o., 25 re. u., 25 li. u., 59 M. u.
Reinhard, Hans Seite 2/3, 4, 6/7, 20, 32 , 33 re., 40, 44, 51, 53, 56, 57 re., 61, 64, U4 li.
Strauß, Friedrich Seite 5 o., 5 u., 22/23, 33 li., 37, 38, 39 li., 39 M., 46, 48, 49 M., 49 li., 57 M., 58 M. o., 58 M. u., 58 u., 59 o., U4 re.

Alle Zeichnungen wurden nach Vorlagen des Autors von Helmuth Flubacher, Waiblingen, angefertigt.

Impressum

Bibliografische Information der Deutschen Nationalbibliothek
Die Deutsche Nationalbibliothek verzeichnet diese Publikation in der Deutschen Nationalbibliografie; detaillierte bibliografische Daten sind im Internet über http://dnb.d-nb.de abrufbar.

Eugen Ulmer KG
Wollgrasweg 41, 70599 Stuttgart (Hohenheim)
E-Mail: info@ulmer.de
Internet: www.ulmer.de

Lektorat: Karin Wachsmuth, Antje Krause
Covergestaltung und Layout: X-Design, München
DTP: juhu media, Susanne Dölz, Bad Vilbel
Druck und Bindung: Litotipografia Alcione, Lavis
Printed in Italy

ISBN 978-3-8001-3382-6

Haftung

Der Autor und der Verlag haben sich um richtige und zuverlässige Angaben bemüht. Fehler können jedoch nicht vollständig ausgeschlossen werden. Eine Garantie für die Richtigkeit der Angaben kann daher nicht gegeben werden. Haftung für Schäden und Unfälle wird aus keinem Rechtsgrund übernommen.

Spezial

Knowhow zu Obstbäumen

Über den Schnitt hinausgehend, hier noch ein paar wichtige Tipps vom Fachmann rund um Obstgehölze:

- Wenn Sie einen Baum haben, der trotz regelmäßiger Schnittmaßnahmen stark wächst, aber nicht trägt, sollten Sie zwei Jahre mit dem Schneiden aussetzen und nur das Notwendigste auslichten.
- Sollten Sie beispielsweise eine Süß-Kirsche oder Birne haben, die jedes Jahr blüht, aber keine Früchte entwickelt, kann es sein, dass ihr eine andere Sorte in direkter Umgebung für die Befruchtung fehlt.
- Wenn Ihr Baum im Frühjahr durch Hasenverbiss oder Frostrisse geschädigt wurde, sollten Sie sofort die geschädigten Bereiche mit einem Wundverschlussmittel behandeln.
- Benötigen Sie zum Pflegen der Bäume eine Leiter, so achten Sie darauf, dass die Leiterfüße standfest im Boden aufgestellt sind und dass die Leiter nicht zu flach oder zu steil am Baum steht.
- Führen Sie den Schnitt oder die Erntearbeiten bei der Süß-Kirsche im Juli / August durch. Versuchen Sie nicht, die entfernteste Kirsche noch zu ernten – der Ast der Süß-Kirsche bricht ohne Vorwarnung und hat so manche Ernte in Gips und Schiene verwandelt!
- Großflächige Schnittwunden mit einem Durchmesser von mehr als 8 cm mit einem Wundverschlussmit-